# 도쿄!

## 스토리를
## 찾아 떠나는
## 미식 산책

# 도쿄! 스토리를 찾아 떠나는 미식 산책

초판인쇄 2019년 4월 30일
초판발행 2019년 4월 30일

지은이 이지성
펴낸이 채종준
기획 · 편집 이아연
디자인 홍은표
마케팅 문선영

펴낸곳 한국학술정보(주)
주 소 경기도 파주시 회동길 230(문발동)
전 화 031-908-3181(대표)
팩 스 031-908-3189
홈페이지 http://ebook.kstudy.com
E-mail 출판사업부 publish@kstudy.com
등 록 제일산-115호(2000. 6. 19)

ISBN 978-89-268-8798-1 03980


책에 대한 더 나은 생각, 끊임없는 고민, 독자를 생각하는 마음으로 보다 좋은 책을 만들어갑니다.

드라마와 만화의 미식가들이 사랑한

식당, 이자카야, 카페, 레스토랑,

디저트점, 화과자점, 잡화점, 베이커리

# 도쿄!

# 스토리를 찾아 떠나는 미식 산책

이지성 지음

# 시작의 글

時間や社会にとらわれず幸福に空腹を満たす時、

つかの間彼は自分勝手になり、自由になる。

誰にも邪魔されず気を遣わずものを食べるという孤高の行為。

その行為こそが現代人に平等にあたえられた最高の癒しと言えるのである。

시간과 사회에 얽매이지 않고 행복하게 공복을 채울 때,

잠시 동안 그는 자기 마음대로, 자유로워진다.

누구에게도 방해받지 않고 신경을 쓰지 않으며 먹는다는 고독한 행위.

이 행위야말로 현대인에게 평등하게 주어진 최고의 치유라 말할 수 있다.

이 말은 동명의 만화가 원작인 일본 드라마, 〈고독한 미식가〉 오프닝에서 나오는 유명한 대사다. 이 만화의 글을 담당하고 있는 쿠스미 마사유키는 한겨레신문과의 인터뷰에서 "〈고독한 미식가〉 제작진은 식당 선정에 상당히 많은 공을 들인다. 어마어마하게 거리를 걷고 찾아 헤맨다. 제작진의 기준은 이렇다. 도심 번화가가 아닐 것, 예전 느낌이 있을 것, 조금 한적한 곳에 있을 것. 물론 맛집이어야 한다. 이런 분위기는 내 원작 만화에 다 담겨 있다. 화려하지 않고 서민적 분위기다. 제작진은 내 작품 취지에 맞는 식당을 찾으려고 거의 100번 넘게 원작을 읽었다고 한다. 그리고는 원작 이미지에 맞는 음식점을 끊임없이 찾고, 먹고 또 먹는다. 나 자신조차 놀랄 정도로 원작에 가까운 식당을 제작진이 잘 찾았다. 제작진이 식당 섭외를 위해 너무 많이 먹다 보니 어떤 제작진은 한 시즌 찍는 동안 15kg의 살이 찌기도 했다."라고 밝혔다. 〈고독한 미식가〉 제작진이 전통과 멋이 있는 가게를 섭외하는데 얼마만큼의 심혈을 기울이는지 알 수 있다.

〈고독한 미식가〉는 여행업계까지 영향을 미쳤다. 하나투어가 〈고독한 미식가〉에 등장하는 맛집들을 탐방하는 투어 상품을 출시한 것이다. 자유여행을 즐기다가 현지에서 투어에 참가하는 방식의 상품으로 원작 만화 국내 출판사인 '이숲', 테마여행 전문 여행사 '투어버킷'과 함께 만들었던 상품이었다. 드라마의 인기와 파급력이 어느 정도인지 가늠할 수 있는 일화라 하겠다.

肉巻き
味処
禁煙
Welcome to the Best
Yakitori Restrant
we have an English menu
¥300
肉詰め
各種 ¥400
SAPPORO
どうぞ

〈라면이 너무 좋아, 고이즈미 씨〉의 주인공은 먹고 싶어도 못 먹을 수 있고 먹을 수 있어도 폐점하면 먹지 못하니 현재를 즐기라는 명언을 남겼다. 그뿐인가? 〈와카코와 술〉의 여주인공은 남자친구와의 데이트도 좋지만 아무도 신경 쓰지 않고 혼자 먹고 마시는 시간도 중요하다는 '혼밥', '혼술'의 궁극적 목표와 의미를 되새기기도 했다.

이 책에서는 일본 드라마와 일본 만화 등 일본의 미디어에 소개돼 한국에서 빛을 보게 된 숨겨진 맛집을 찾아 소개하고 그 속으로 여러분을 초대한다. 드라마와 만화의 감동에 더해져, 주인공들이 먹고 마시며 산책하거나 하던 스토리가 있는 실체적인 장소들을 여행하는 미식 산책은 도쿄 여행자들에게 마치 꿈과도 같은 유쾌한 일이 될 것이다. 도쿄는 넓고 먹을 것은 많다. 음식이라는 매개를 통해 도쿄의 사람들과 식문화를 만나게 될 것이다.

대용문화의 하나로써 나의 책이 여행의 다양성 확장에 기여할 수 있기를 빌며, 개인 독자들에게는 특정 드라마나 만화에 대한 가슴속 추억을 되살리는 유쾌한 맛집 기행서가 되기를 빌어본다. 이 여행서를 가지고 도쿄로 날아가 또 바쁜 일상을 사는 활력소를 눈과 귀와 입과 가슴에 충전하고 돌아오시길 바란다.

2019년에도 도쿄는 〈고독한 미식가〉 등 일본 드라마와 만화 등에 등장한 실제 맛집을 찾는 여행객들로 뜨겁다.

목차

Tokyo — 東京

일러두기

- 메뉴와 가게명은 현지 발음에 가깝게 표기했습니다.
- 모든 메뉴명은 붙여 쓰는 것을 기준으로 하였지만, 의미상 파악이 어려운 메뉴명은 띄어 썼습니다.
- 작품명은 방영된 명칭으로 표기했습니다.
- '구글맵검색'은 구글맵에서 검색하는 검색어를 의미합니다. 2019년 3월 기준 검색어이며 차후 변경되면 검색이 불가능할 수 있습니다.
- 구글맵검색의 검색어는 수정될 수 있으므로 구글좌표를 추가했습니다.

# Story

수입 잡화 무역상인 미혼의 중년 이노카시라 고로는 도쿄의 식당을 찾아다니며 홀로 음식 기행을 이어간다. 그의 유일한 희망이자 행복은 도쿄 곳곳에 숨어있는 숨겨진 맛집을 찾아 다니며 원하는 음식을 먹는 것이다. 고로는 오늘도 주위 시선은 아랑곳하지 않고 음식을 음미하며 위안을 삼고 행복한 고독을 즐기는데…….

# #1

# 고독한 미식가

孤独のグルメ

드라마 | TV 도쿄 시즌 1~7 방영

# 쇼스케
## 庄助

"야키토리焼鳥가 이렇게 맛있는 것이었나?"

시즌1 제1화. 파란 캐노피 아래, 갈색 노렌暖簾(입구를 가리는 천)이 손님들을 맞이하는 매우 작지만 분위기는 아늑한 가게 쇼스케. 드르륵 나무 문을 옆으로 열고 카운터석에 앉아서 70대로 보이는 주인 할아버지의 꼬치 굽기의 향연을 바로 코 앞에서 만끽하는 것을 추천한다. 혼자 오면 직원으로부터 카운터석으로 강제 소환된다. 50세 정도로 보이는 남자 직원에게 아들이냐고 물으니 아니라고 한다. 날짜별로 직원은 바뀌고 주인 할아버지는 항상 자리를 지키신다고 한다. 이날 난 쇼스케의 첫 번째 손님이었다. 미리 구워 놓은 꼬치가 없기 때문에 주문한 뒤 천천히 가게를 둘러보았다. 〈고독한 미식가〉 포스터가 큼지막하게 벽에 붙어 있고 사인도 붙어 있었다.

이 집의 오토시모노お通し物(보통 오토시로 짧게 불리는 안주 개념으로 나오는 반찬으로, 손님이 주문하지 않아도 나오는데다 유료다.)는 매운 콩나물무침이나 어묵 등으로 매일 바뀐다. 고로가 주문한 메뉴는 닭꼬치구이 7종(대파와 고기, 물렁뼈, 닭 껍질, 모래주머니, 날개, 간, 고기 경단인 츠쿠네つくね.)과 임연수구이인 홋케스틱쿠, 가리비가 들어 있는 유부주머니인 신겐부쿠로, 피망과 츠쿠네다. 닭꼬치구이의 고소함과 향은 형언할 필요가 없을 만큼 감미롭다. 고로는 옆 손님이 피망에 츠쿠네를 넣어 먹는 모습에 반해 츠쿠네를 주문했었다. 본래 피망과 츠쿠네는 별개의 메뉴였는데 손님들이 궁합이 맞다고 생각했는지 많이 곁들여 먹다 보니 하나의 세트가 되었다고 한다. 작가 쿠스미와 그가 만들어낸 캐릭터 고로의 말처럼 오롯이 자유로운 몸이 되어 꼬치와 츠쿠네를 음미해 본다. 피망에 츠쿠네 한 덩이를 넣어서 먹으니 확연히 느끼할 수도 있는 츠쿠네의 맛을 아삭한 피망의 시원함이 중화시켜 기묘한 식감과 맛으로 조화를 이뤘다. 미소가 절로 번졌다. 메뉴를 고르는 단계부터 음식을 씹고 음미할 때까지 고로의 내면에서 독백 형식으로 표현되는 감정들이 나에게도 이입됐다. 쇼스케에서의 유일한 아쉬움은 주방 쪽 천장과 환풍기의 청결도 정도였다.

**Info**

**주소** 東京都江東区富岡1-2-8 | **연락처** 03-3643-9648
**영업시간** 17:30-23:00 | **휴무** 토요일, 일요일, 축일
**위치** 도쿄 메트로東京メトロ 도자이 선東西線 몬젠나카초 역門前仲町駅 2번 출구 도보 1분
**구글맵검색** Shosuke | **구글좌표** 35.671142, 139.796426

# 중화가정요리 양 2호점

## 中国家庭料理「楊」2号店

"혀가 마비가 되는구나."

시즌1 제3화. 이케부쿠로에 새 사무실을 알아보기 위해 부동산을 둘러보던 중 배가 고파진 고로는 차이나타운이 생긴다는 소문이 있을 정도로 중화요리점이 많은 이케부쿠로를 돌다가 양 2호점을 찾아 들어간다.

고로는 두부껍질, 오이, 당근에 새콤한 드레싱을 뿌린 반산스バンサンスー(830엔), 국물이 없고 매운 탄탄멘인 시루나시 탄탄멘汁なし担々麺(800엔), 둥그런 야키교자焼き餃子(5개 590엔)를 즐긴다. 탄탄멘은 고추기름과 참깨소스, 다진 고기를 섞어 만든 매운 양념에 얇은 면을 비벼 먹는 중국 사천의 대표적인 면 요리다. 탄탄멘에 쓰이는 한자 단 또는 담(担)이, 들다 혹은 메다라는 의미인데 예전에 짐꾼들이 부둣가에서 메는 가판대 위에 국수를 놓고 팔았다고 해서 탄탄멘이라는 이름이 붙여졌다고 일컬어진다.

꽤 유명한 이 가게는 점심시간이 되기 20분 전부터 손님들이 식당 자리에 앉아 있다는 게 매우 특이했다. 보통 밖에서 기다리라고 줄을 세우는 것이 보통인데 직원들은 그냥 안에 들어와 앉아서 기다리라는 식이고 누가 먼저 왔는지 파악도

하지 않았다. 주문한 메뉴가 나오기 전 카운터석에 앉아 가게를 구경하다가 양 2호점이 등장한 〈고독한 미식가〉 달력을 발견했다. 달력을 펼쳐 놓고 다른 가게로 못 넘기게 테이프로 봉인해 놓은 것에 웃음이 터졌다. 달력의 장면은 고로가 음미한 시루나시 탄탄멘 사진인데 그 아래에 메뉴의 가격까지 친절하게 매직으로 써 놓았다. 메뉴판에는 시루나시 탄탄멘 아래 '처음이신 분은 매운 걸 피해주세요.'라는 문구가 있었다. 이 문구를 보고도 맵지 않게 해달라는 이야기를 중국인 직원에게 하지 않은 것을 후회했다. 더욱이 가게 벽에 달린 빨간 고추 봉제 인테리어가 위압감을 선사하는 와중에도 말이다.

시루나시 탄탄멘은 산초와 고춧가루로 만든 소스가 많이 들어가지만 고추와 마늘을 사랑하는 한국인에겐 맵지 않다는 평을 믿고 갔는데 고로가 물을 마시는 순간 물맛이 변한다고 놀라는 장면이 이해가 갈 만큼 혀가 얼얼했다. 매운 것을 못 먹는 사람은 아닌데, 1/3을 남기는 과오를 저질렀다. 컵에 든 물을 몽땅 들이키는 나를 위해 여직원은 몇 번이고 나를 찾아와 물을 채워줬다. 얼얼한 혀를 달래기 위해 야키교자를 주문했더니 요상한 모양으로 등장했다. '특정한 반죽을 풀어 팬을 거꾸로 뒤집어서 만두를 그릇에 담아 이렇게 된 건가?' 하는 의문이 들었다. 우리나라에서 생각하는 기름에 퐁당 튀겨진 군만두가 아닌 팬에서 만두의 한 면만 구운 것이 확연히 보인다.

주소 東京都豊島区西池袋3-25-5 | 연락처 03-5391-6803
영업시간 11:30~15:00, 17:30~23:30 | 휴무 연중무휴
위치 도쿄 메트로東京メトロ 마루노우치 선丸ノ内線 이케부쿠로 역池袋駅 1b 출구 도보 1분, JR 야마노테 선山手線 이케부쿠로 역池袋駅 서 출구西口 도보 3분
구글맵검색 중국가정요리 양 2호점 | 구글좌표 35.730047, 139.707239

# 요코죠

## 陽光城

"코코넛밀크주스도 즐거움 중 하나다."

시즌1 제3화. 고로가 들러 245ml, 150엔의 코코넛밀크주스를 마시던 중국 식재료 슈퍼로 도쿄의 일반 마트나 슈퍼에서 살 수 없는 중국의 라면이나 소스 등 식재료와 상품을 구입할 수 있다. 간판이 새빨갛고 커서 중국 관련 가게인지 금방 알 수 있다. 엄청 비좁은 가게에서 고로는 장바구니에 한가득 식재료를 집어넣는다. 요코하마, 고베보다는 도리어 이케부쿠로에 와서 중국 음식을 먹는 게 낫다고 말하는 일본인들이 많을 정도로 이케부쿠로 주변에는 중국 음식점과 관련 상점

이 많다. 캔에 든 코코넛밀크주스는 우리나라 음료 중에 '아침햇살'과 비슷한 맛이 났다.

**Info**

**주소** 東京都豊島区西池袋 1-25-2 カイダ第6ビル 1F
**연락처** 03-5960-9188 | **영업시간** 24시간 영업 | **휴무** 연중무휴
**위치** 도쿄 메트로東京メトロ 마루노우치 선丸ノ内線 이케부쿠로 역池袋駅 20b 출구 도보 1분
**구글맵검색** Youkoujo | **구글좌표** 35.731784, 139.710661

# 츠리보리 무사시노엔
## 釣り堀 武蔵野園

"달걀이 달다니 뭔가 위로가 되는구만."

시즌1 제5화. 고로는 약속이 취소되어 낚시터를 찾아간다. 낚시를 하다가 배가 고파진 고로는 낚시터 옆 식당에 들어간다. 녹색으로 물든 대형 공원에 빨간 건물과 입구의 대형 닌자 장난감 녀석이 있으니 확실히 눈에 들어왔다.

낚시터 이용은 2시간 1200엔, 1시간에 700엔의 요금이 있다. 무조건 낚시를 즐겨야 식당에 입장할 수 있는 것은 아니다. 손님들이 한 마리씩 가져다줘서 천장에 달게 됐다는 곰 인형들이 있는 비닐하우스 식당을 지나면 낚시터가 있다. 비닐하우스에서 식사를 하며 낚시하는 모습을 구경할 수 있다. 고로는 신사에서 있을 법한 빨간 토리이鳥居와 바다에나 사는 백상아리 조형물까지 있는 이 요상한 낚시터에서 낚시를 즐기고는 통통한 면발에 빨간 생강과 가츠오부시가 들어간

700엔의 야키우동焼きうどん 그리고 김가루가 뿌려진 750엔의 오야코동親子丼(닭고기에 달걀을 풀어 넣어 익힌 후, 밥 위에 얹어 먹는 대표적 덮밥 요리로 닭에 달걀까지 다 들어가 부모와 자식이 음식에 들어간 격이라는 의미에서 '친자'라는 이름이 붙은 것이다.), 팥은 적지만 쫄깃한 떡의 식감이 일품인 350엔의 오시루코おしるこ(떡팥죽)를 즐긴다. 오야코동은 가츠오부시 국물을 넣어 단맛이 나는 달걀의 맛이 일품이다. 죠스 모형은 이 낚시터를 영화 로케이션 현장으로 쓰게 해줬는데 그때 쓰였던 죠스 모형을 버린다고 해서 주인장이 받아 와 낚시터에 설치했다고 한다. 개업 70년을 훌쩍 넘는 이 낚시터 식당은 이 건물 2층에서 낳고 자란, 3대째 주인인 50세의 아오키 다이스케 씨가 잘 다니던 증권 회사를 그만두고 물려받아 25년째 운영하고 있다. 2대째 주인인 하얀 눈썹의 할아버지와 할머니도 요금 부스에서 일하고 계신다. 바쁜 주말에는 손녀까지 총출동한다고. 녹음이 우거진 와다보리 공원和田掘公園이라는 매우 큰 공원 안에 위치해 있다.

**Info**

**주소** 東京都杉並区大宮 2-22-3 和田掘公園 | **연락처** 03-3312-2733
**영업시간** 평일 09:00-18:00, 토요일 · 일요일 · 축일 08:00-18:00 | **휴무** 화요일
**위치** 게이오 전철京王電鉄 이노카시라 선井の頭線 에이후쿠초 역永福町駅 앞에서 게이오 버스京王バス 신코엔지 행新高円寺行 버스 탑승, 와다보리코엔 입구和田堀公園入口 정류장 도보 2분
**구글맵검색** MJPQ+8R (도쿄) | **구글좌표** 35.685835, 139.63954

# 야마토야
## 大和屋

"사기노미야에 와서 좋은 쿠리다이후쿠와 만났다."

시즌1 제6화. 고로는 일과 옛 친구와의 재회로 사기노미야鷺宮에 온다. 볼일을 다 보고 배고파진 고로는 밤과 팥이 들어간 쿠리다이후쿠栗大福(170엔)와 딸기 하나와 하얀 팥소가 들어가 이 집에서 가장 인기가 좋은 녀석인 이치고다이후쿠いちご大福(220엔)를 즐긴다. 한입 크기의 쿠리다이후쿠는 흰 팥소와 검은 팥소 두 종류가 있다. 사실 다이후쿠의 가장 기본은 콩이 들어간 마메다이후쿠豆大福다. 야마토야에는 살구와 하얀 팥소가 들어간 앙즈다이후쿠あんず大福와 매실과 하얀 팥소가 들어간 우메다이후쿠梅大福까지 있다. 다이후쿠는 일본식 찹쌀떡이라고

생각하면 편하다. 도보 2분 거리의 미야코야에서 제대로 된 정식을 즐기기 전 방문해, 쿠리다이쿠후의 쫄깃한 떡과 그 안에 든 달콤한 밤을 즐기니 공복을 달래주는 최고의 간식이 되었다. 일본식 간식 전문점이기 때문에 가장 기본이라 할 수 있는 메뉴인 미타라시단고団子를 시작으로 멥쌀과 찹쌀을 섞어 찐 후 동그랗게 빚어 팥소나 콩가루 등을 묻힌 떡인 오하기おはぎ라는 메뉴까지 다양하다.

**Info**

**주소** 東京都中野区鷺宮 4-34-9 | **연락처** 03-3338-3768
**영업시간** 09:00-19:30 | **휴무** 월요일
**위치** 세이부 철도西武鉄道 세이부신주쿠 선西武新宿線 사기노미야 역鷺ノ宮駅 북 출구北口 도보 2분
**구글맵검색** 야마토야 도쿄 | **구글좌표** 35.724312, 139.638063

# 미야코야

みやこや

"여기는 돈카츠도 맛있지만 로스닌니쿠야키도 맛있지.
맥주랑 먹으면 참을 수가 없어."

시즌1 제6화. 웃는 돼지 간판과 노렌暖簾(보통 노렌이 걸려 있으면 영업 중, 노렌이 치워져 있으면 영업 종료를 나타낸다.)이 재밌다. 고로는 치킨카츠와 돼지 등심살로 만든 히레카츠ヒレカツ를 섞은 믹스카츠 정식, 고기마늘구이인 로스닌니쿠야키ロースにんにく焼き(정식 900엔)를 즐긴다. 특히 마늘 냄새가 강렬해서 다음 날까지 간다는 로스닌니쿠야키는 맥주 안주로 좋을 것 같다고도 했다. 믹스카츠 정식에는 양배추와 마카로니가 수북하다. 밥은 야마가타 현 쓰야히메つや姫라는 쌀을 쓴다고 크게 종이에 써서 벽에 붙여 놨다. 믹스카츠가 느끼하지 않을까 걱정했는데 레몬과 겨자가 함께 나와 뿌리고 찍어먹으니 상큼하면서 코가 뻥 뚫리게 먹을 수 있었다. ㄴ자

모양 바에 구석방 테이블 1개가 전부인 작은 가게로 요리사 복장을 제대로 갖춘 70대 사이토 씨와 요코 씨 부부의 요리하는 모습을 가까이서 볼 수 있다. 소스를 더는 주걱 혹은 그릇이 약수터의 그것과 비슷하다. 한 쪽에 주인공 마츠시게 유타카의 사인이 붙어 있다.

**Info**

**주소** 東京都中野区鷺宮3-21-6 | **연락처** 03-3336-7037
**영업시간** 11:30~15:00, 17:30~23:30 | **휴무** 화요일
**위치** 세이부 철도西武鉄道 세이부신주쿠 선西武新宿線 사기노미야 역鷺ノ宮駅 북 출구北口 도보 1분
**구글맵검색** 돈카츠 미야코야 | **구글좌표** 35.723631, 139.638801

# 흑모 와규 전문점 사토우 기치조지점
## 黒毛和牛専門店さとう 吉祥寺店

"무난하게 크로켓으로 해둘까?
고민될 때는 양쪽을 다 주문하면 되지 않나?"

시즌1 제7화. 고로가 오픈 시간에 맞춰 육즙이 대단한 멘치카츠メンチカツ를 산 곳이다. 멘치카츠 1개는 240엔이고 5개 이상을 산다면 개당 200엔으로 저렴해진다. 참고로 〈고독한 미식가〉 원작 만화에서 스토리를 담당하는 쿠스미 마사유키가 사는 곳이 기치조지다. 나서 자라고 현재 작업실이 있는 곳 역시 기치조지라고 한다. 〈고독한 미식가〉를 쓸 당시 살았던 지역이 이노카시라 5번지라서 주인공인 고로의 이름을 이노카시라 고로라고 지었다고 한다. 깊이 생각하고 고민한다고 항상 잘되는 것은 아니기에 가까운 곳에서 쉽게 소재를 찾으려고 한다는 쿠스미 마사유키의 인터뷰가 인상적이다.

이곳은 〈구구는 고양이다〉라는 우에노 주리 주연의 영화에서 아사코 선생의 어시스턴트 4인조가 멘치카츠를 먹으며 좋아라 했던 고기 전문점으로도 나왔다. 영화에선 친절히 나오미(우에노 주리)의 칭찬 내레이션까지 삽입했고 아사코 선생이 구구의 의미를 알아맞히는 이에게 1년 치 멘치카츠를 선물로 주겠다고도 했을 만큼 맛있는 멘치카츠 가게다. 따라서 평일에도 멘치카츠를 먹기 위해 50m 줄서기 정도는 감수해야만 한다. 주재료인 소고기, 양파의 신선함과 바삭한 튀김옷, 육즙이 가득한 맛을 내기 위해 미리 만들어 놓지 않고 당일 한정량을 만들어 팔아 매일 줄서기 인파가 엄청나다. 조금 느끼하지만 겉은 바삭, 안은 살살 녹아 잠자던 식신이 부활한다. 정육점과 식당을 겸하고 있고 크로켓과 단고(떡)는 기다리지 않고 구입 가능하다. 새치기 방지와 가격의 안내를 위해 노란 쪽지를 준다.

고로는 일을 마치고 하모니카 요코초ハーモニカ横丁 골목을 걷는다. 이곳은 기치조지 역 북쪽 출구에서 횡단보도 건너 왼쪽에 위치해 있고 하모니카처럼 다닥다닥 점포가 밀집해 있다는 의미로 이름이 지어졌다. 세계 대전이 끝나고 미군 물품을 거래하던 암시장으로 활약(?)했다는데 아무튼 사람 사는 냄새로 흥겨운 곳이다. 고로는 하모니카 요코초에서 점을 보기도 한다.

**Info**

**주소** 東京都武蔵野市吉祥寺本町1-1-8 | **연락처** 0422-22-3130
**영업시간** 10:00~19:00(멘치카츠 판매는 10:30분 개시)
**위치** JR 주오소부 선中央・総武線 기치조지 역吉祥寺駅 북 출구北口 2분, 게이오 전철京王電鉄 이노카시라 선井の頭線 기치조지 역吉祥寺駅 북 출구北口 2분
**구글맵검색** 키치조지 사토우 | **구글좌표** 35.703994, 139.579042

# 카야시마

## カヤシマ

"그리운 맛이다.
가끔 먹고 싶은 케첩 맛이야. 면이 굵어 좋군."

시즌1 제7화. 재즈 카페 사장의 호출로 기치조지를 찾은 고로는 활기와 맛집이 넘치는 기치조지의 모습 때문에 점심에 뭘 먹을지 고민에 빠진다.

고로는 나폴리탄ナポリタン스파게티(단품 880엔)와 함바그를 조합한 와쿠와쿠 세트わくわく セット(980엔)를 즐긴다. 나폴리탄에 돼지고기 생강구이를 먹으려다 타이밍을 놓쳐 함바그로 메뉴를 바꾼 것이다. 함바그의 크기는 주먹보다 작지만 나폴리탄의 양이 적당해 허기를 달래기에 충분하다. 나폴리탄은 양을 많이 달라고 주문해도 가격이 비싸지지 않는다. 피망, 베이컨, 양파 등이 들어간 이 음식에는 '나폴리탄'이라는 이름이 붙어서 이탈리아 나폴리 음식일 것이라고 생각하기 쉽

지만, 일본에서 개량한 음식이다. 요리의 원형 자체는 토마토소스를 사용한 나폴리 지방의 '스파게티 알라 나폴레타나'가 있긴 하다. 우리나라식 자장면이 중국에는 없는 것과 같은 이치다. 나폴리탄에 치즈가루를 뿌려 정말 맛있게 뚝딱 한 그릇을 비웠다. 식사를 마치면 손님에게 선택권을 주고 커피나 티 종류를 내어 준다.

카레라이스와 만두 그리고 테이크아웃 도시락은 카야시마의 인기 메뉴다. 카야시마의 오래되어 빛바랜 금고나 메뉴 간판 등은 세월의 흐름을 알려준다. 주인인 사토 코이치 씨가 약 40년 전 창업했을 때는 커피전문점으로 시작해서 술도 제공하다가 이윽고 가라오케 술집으로 전향한 끝에 지금의 음식점으로 고정되었다고 한다. 화요일, 금요일, 일요일에 방문하면 다음에 방문했을 때 쓸 수 있는 70엔 할인권을 준다.

**Info**

**주소** 東京都武蔵野市吉祥寺本町1-10-9 富沢ビル 1F

**연락처** 422-21-6461 | **영업시간** 11:00~00:00

**위치** JR 주오소부 선中央・総武線 기치조지 역吉祥寺駅 북 출구北口 도보 5분, 게이오 전철京王電鉄 이노카시라 선井の頭線 기치조지 역吉祥寺駅 북 출구北口 도보 5분

**구글맵검색** 카야시마 | **구글좌표** 35.706014, 139.578896

# 히로키

HIROKI

"탱글탱글한 문어가 맛있군."

시즌1 제9화. 고로는 지인이 주최하는 연극을 보다가 잠들어버린다. 연극이 끝나고 이야기하던 중, 여배우가 도망간 것을 알게 되었는데 마침 밖에 나갔다가 여배우를 발견한다. 여배우의 시선이 멈춘 곳에서 고로는 이것저것 주전부리를 구입해 먹는다. 그러다 여배우와 이야기를 하게 된다.

고로는 철판구이로 문어와 히로시마 파와 유자폰즈인 타코토히로시마네기토유즈폰즈タコと広島ネギと柚子ポン酢(1100엔), 가리비 마늘구이인 호타테노 가리꾸

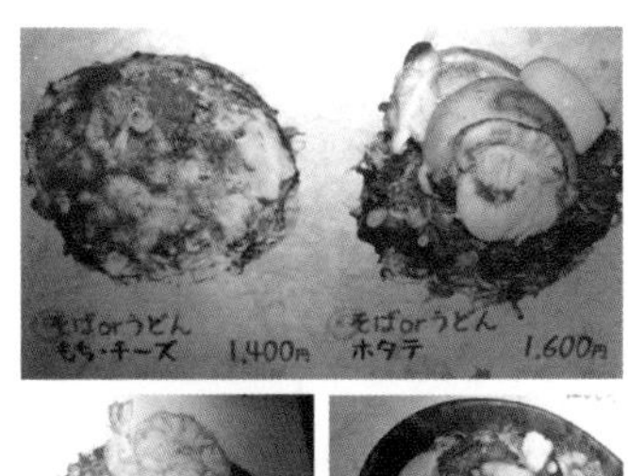


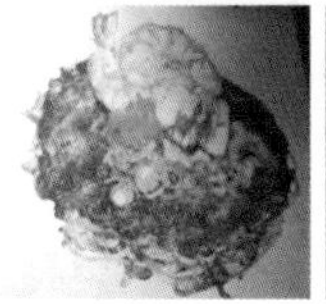

야키ホタテのガーリック焼き(900엔), 굴버터 구이인 카키바타야키牡蠣バター焼き, 좋아하는 것들을 굽는다는 뜻을 가진 오코노미야키お好み焼き를 주문한다. 파와 생강 그리고 오징어와 관자, 새우, 면까지 들어간 1350엔의 히로키 스페셜로 즐긴다. 고로가 주걱으로 오코노미야키를 반 갈라 먹는 장면이 있는데 실제로도 주걱을 준다. 이곳은 친절하게도 한국어 메뉴판을 준비하고 있다. 히로시마 풍 오코노미야키는 면이 들어가는 특징이 있다. 모든 오코노미야키 메뉴는 우동면과 소바면 중 하나를 택할 수 있다. 고로처럼 오코노미야키에 마요네즈를 듬뿍 얹어 음미해 보자. 두건과 앞치마를 두른 남자 직원들이 있는 주방과 손님들이 앉는 테이블 사이에 대형철판이 크게 자리를 차지하고 있다. 요리하는 모습을 바로 눈앞에서 볼 수 있다.

**Info**

**주소** 東京都世田谷区北沢 2-14-14 ハニー下北沢 1F | **연락처** 03-3412-3908
**영업시간** 12:00~22:00(L.O. 21:15) | **휴무** 연중무휴(연말연시 제외)
**위치** 게이오 전철京王電鉄 이노카시라 선井の頭線 시모기타자와 역下北沢駅 남 출구南口 3분, 오다큐 전철小田急電鉄 오다큐 선小田急線 시모기타자와 역下北沢駅 남 출구南口 도보 3분
**구글맵검색** HIROKI Shimokitazawa | **구글좌표** 35.660062, 139.667813

# 닉쿤롤 시모기타 본점

## ニックンロール下北本店

"이것도 맛있구만."

시즌1 제9화에서 고로가 닉쿤롤(290엔)을 사 먹던 점포다. 결국 먹다 남은 것은 극장에서 이탈한 여배우에게 전달한다. 여배우의 먹방 시간도 따로 할애해주는 착한 드라마다.

2009년 개점한 오리지널 브랜드 닉쿤롤은 온통 빨간색 일색의 점포라 눈에 잘 들어온다. 가게에는 방문한 연예인들의 사진과 사인이 넘친다. 닉쿤롤이라는 이름만 들었을 때는 빵인 줄 알았는데 겉에는 깨가 잔뜩 뿌려져 있고 바닥에는 김이 깔려 있다. 먹어보니 안에 볶음밥과 고기가 들어있다. 고기에서는 간장소스의 맛이 난다. 볶음밥이라고 하기보다는 주먹밥이라고 정의하는 게 좋을 것 같다.

닉쿤롤은 속 내용물이 뭐가 들어가느냐에 따라 종류가 나뉜다. 양배추, 토마토, 치즈, 김치가 속에 들어가는 메뉴가 인기라고 한다. 낫토 닉쿤롤은 비추한다. 손님들이 얼굴을 들이밀고 기념사진을 촬영할 수 있는 판넬을 설치해둔 점이 재밌다.

**Info**

**주소** 東京都世田谷区北沢2-14-15 1F | **연락처** 070-5579-9897
**영업시간** 12:00~21:30 | **휴무** 비정기적 휴무 | **홈페이지** nikkunroll.com
**위치** 게이오 전철京王電鉄 이노카시라 선井の頭線 시모기타자와 역下北沢駅 남 출구南口 도보 3분, 오다큐 전철小田急電鉄 오다큐 선小田急線 시모기타자와 역下北沢駅 남 출구南口 도보 3분
**구글맵검색** Nick'n roll | **구글좌표** 35.659938, 139.667688

# 후쿠마루 만쥬
## 福丸饅頭

"카린토만쥬가 좀 당기는구만."

시즌1 11화. 고로는 만쥬를 음미하고 후배의 자식들을 주기 위해 카린토만쥬 かりんとう饅頭를 구입한다. 겉은 바삭하고 속은 부드러운 카린토만쥬는 갈색 빵으로 개당 80엔이다. 1955년 창업한 본 점포는 떡과 양갱, 젤리를 파는 전문점으로 가게 안 오른편에 녹차를 무료로 마실 수 있는 공간을 제공하고 있다. 110엔의 흑설탕만쥬, 160엔의 커스터드만쥬, 80엔의 고구마가 들어간 이모카린토만쥬도 인기다. 한창 많이 팔릴 때는 하루 2만 개를 판 적도 있다고 한다.

가게로 오기 전 고로가 들떠하며 바라보던 계단은 니시닛포리의 단단자카だんだん坂다. 일본의 사진작가들이 좋아하는 일몰 명소다. 만쥬 간식을 하나 물고 상점가의 풍경을 즐겨보자.

**Info**

**주소** 東京都台東区谷中3-7-8 | **연락처** 03-3822-0303
**영업시간** 10:30~18:00 | **홈페이지** foodgallery.co.jp
**위치** 도쿄 메트로東京メトロ 지요다 선千代田線 센다기 역千駄木駅 2번 출구 도보 2분
**구글맵검색** Fukumaru Manju | **구글좌표** 35.726028, 139.764436

# 스미레
すみれ

"토리노니코미! 몸도 따듯해지는 것 같아."

시즌1 제11화. 고로는 후배인 마키를 만나기 위해 닛포리 역에서 내려 카린토만쥬를 선물로 사들고 마키의 공예 교실을 찾아간다. 이후 화장실이 가고 싶어진 고로는 근처의 술집에서 화장실을 쓰고, 스미레에서 식사를 하게 된다.

고로는 네즈에 위치한 이자카야 선술집인 스미레에서 닭고기조림인 토리노니코미鳥の煮込み(400엔), 고등어가 들어간 샌드위치인 사바노산도잇치鯖のサンドイッチ, 다섯 종류의 향신료가 들어간 매운 카레라이스カレーライス(600엔)를 즐긴다.

점내는 좁고 주방을 둘러싸고 손님들이 앉는, 바 형식을 취하고 있다. 벽에는 고독한 미식가 포스터가 큼지막하게 붙어 있었다. 순간온수기 몸통에도 〈고독한 미식가〉의 주인공 마츠시게 유타카와 찍은 사진을 붙여놓으셨다(사진을 따뜻한 곳에 붙여놓으면 빨리 망가질 텐데 하는 걱정이 됐다.).

스미레는 여사장님이 혼자 운영하고 있었다. 손님들과 격 없이 인사를 나눴고 단골손님에게는 다른 손님의 카운터석에 빈 그릇을 정리해서 달라고 부탁할 정도로 단골손님 위주 장사를 하는 듯 보였다.

고로가 걱정하면서 먹었던 고등어샌드위치는 생선 비린내에 취약한 나의 입맛 때문에 감히 도전할 수 없어 매운 카레라이스를 주문했다. 드라마에서도 고로가 언급했지만 감자와 당근 덩어리가 정말 큼지막하게 나왔다. 요리의 가격이 전체적으로 저렴한 편으로 점내는 정말 좁고 작지만 그것이 이 집의 매력이다.

**Info**

**주소** 東京都文京区根津2-24-8 | **연락처** 03-3821-8941
**영업시간** 18:00~01:00 | **휴무** 화요일, 수요일
**위치** 도쿄 메트로東京メトロ 지요다 선千代田線 네즈 역根津駅 1번 출구 도보 5분
**구글맵검색** 이자카야 스미레 | **구글좌표** 35.719853, 139.764983

# 소카봇카
## 草花木果

"살사의 맛에 끌리는군."

시즌1 제12화. 구제 옷 가게 사장님을 만나러 간 나카메구로 역 인근에서 일을 마치고 동네를 둘러보다가 배고파진 고로는 오키나와 음식점沖縄料理屋을 발견한다. 음식점 이름이 특이하다. 우리나라 말로는 초화목과(풀, 꽃, 나무, 과일)다. 메뉴판에 돼지 그림이 그려져 있고 '오키나와에서 돼지는 울음소리 빼고 다 먹는다'라는 멘트도 있다. 인테리어 역시 오키나와풍이고 흐르는 음악 역시 오키나와풍 음악이다. 고로는 파인애플 음료수를 마시며 음식을 기다리다가 본격적으로 흑돼지 오키나와 천연 소금구이, 당근을 채 썰어 달걀과 함께 볶은 닌진시리시리にんじんしりしり, 다진 고기볶음, 방울토마토, 상추, 양파, 치즈 등을 쌀밥에 얹고 매콤한 살사소스를 곁들여 먹는 요리인 타코라이스タコライス, 뼈 있는 돼지고기가 들어있는 소키소바ソーキそば, 오키나와 전통과자인 친스코ちんすこう 두 개가

곁들여진 브루시루 아이스크림까지 음미한다. 원작자 쿠스미가 고로의 옆 손님으로 카메오 출연한 가게가 소카봇카다. 샤이니, 엑소, 슈퍼주니어를 좋아해 한국을 방문하기도 했다는 아르바이트생이 반겨줄 것이다. 그러나 강제로 나오는 오토시와 무조건 주문해야 하는 원 드링크는 반갑지 않다.

**Info**

**주소** 東京都目黒区上目黒2-7-11 2 · 3F | **연락처** 03-5722-1055
**영업시간** 평일 11:30~14:30(L.O. 14:00), 18:00~04:00(L.O. 03:00)
토요일 18:00~04:00(L.O. 03:00) 일요일 · 축일 17:00~23:30(L.O. 22:30)
**위치** 도큐 전철東急電鉄 도큐 도요코 선東急東横線 나카메구로 역中目黒駅 정면 출구正面出口 도보 2분,
도쿄 메트로東京メトロ 히비야 선日比谷線 나카메구로 역中目黒駅 정면 출구正面出口 도보 2분
**구글맵검색** 소카보카 | **구글좌표** 35.642845, 139.699284

# 산짱 식당
## 三ちゃん食堂

"새우, 오징어, 문어, 게가 들어가 두 개에 300엔이라니 좋군."

시즌2 제1화. 의뢰인과의 일을 마치고 배가 고파 산짱을 찾은 고로. 유명인들의 사인으로 도배된 중화요리전문점 산짱. 고로는 양하의 새순튀김인 묘가텐푸라茗荷 天ぷら(250엔), 치즈비엔나소시지(450엔), 소금과 후추로 맛을 낸 파돼지볶음인 네기니쿠이타메(550엔), 새우와 오징어 그리고 문어, 게를 이용한 해물춘권인 카이센하루마키海鮮春巻き(300엔)를 즐긴다. 춘권은 두 개가 양배추와 겨자소스와 함께 곁들여져 나온다. 따끈하고 바삭한 춘권의 맛이 일품이다.

가격은 전체적으로 저렴한 편이다. 그럼에도 공깃밥이 나오는 메뉴에는 엄청난 양의 밥이 나온다. 대낮임에도 술을 마시지 않는 이들이 거의 없을 정도로 이 집은 낮술 마니아들의 천국이었다. 특히 장년층 아재들의 아지트 같은 느낌마저 들었다. 담배에 상대적으로 관대한 일본이라고 생각해도, 유모차에 아이를 재우고 담배를 피우는 어머니가 있는 것이 좀 충격적이기도 했다. 벽에는 비키니를 입은 모델들의 육감적인 달력이 걸려 있었다. 간판에 확실히 식당이라고 되어 있는데 식당이란 이름보단 이자카야居酒屋라는 이름으로 바꾸는 것이 좋을 것 같다. 하긴, 이자카야라는 선술집 느낌보다는 인테리어 자체가 대중음식점 느낌이긴 하다. 음식과 반찬의 메뉴가 족히 100종류는 넘는 듯 온 벽이 메뉴로 도배되었다.

**Info**

**주소** 神奈川県川崎市中原区新丸子町733 | **연락처** 044-722-2863
**영업시간** 12:00~21:00(L.O. 20:00) | **휴무** 수요일
**위치** 도큐 전철東急電鉄 도큐 도요코 선東急東横線
도큐 메구로 선東急目黒線 신마루코 역新丸子駅 서 출구西口 도보 2분
**구글맵검색** 산짱 식당 | **구글좌표** 35.580884, 139.661195

# 나카야마
## 天ぷら 中山

"이렇게나 양념이 배었는데도 아직 바삭하군."

시즌2 제2화. 일본을 좋아하는 의뢰인에게 '일본 문화를 느낄 수 있는 것'을 부탁 받은 고로는 닌교초를 찾는다. 배가 고파진 고로는 나카야마에서 튀김덮밥인 텐동天丼, 양파와 연근 그리고 생선튀김을 즐긴다. 순서를 기다렸다가 좌석에

앉으면 녹차와 물수건이 나온다. 주방을 둘러싼, 바 형식으로 되어 있어 노부부와 아들의 요리 모습을 구경할 수 있고 더 자세히 눈을 요리조리 돌리면 만화판 고로와 드라마판 고로의 피규어가 엄청나게 진열되어 있는 것을 볼 수 있다. 뚜껑을 덮어 나오는 텐동은 검은 특제 양념이 튀김에 스며들어 겉보기에는 혐오감을 가질 수 있지만 새우튀김 2개, 야채튀김 1개, 전갱이튀김 1개, 붕장어튀김 1개로 구성되어 알차게 먹을 수 있다. 짭짤한 소스는 의외로 튀김과 어울렸다. 일본에서 1100엔이라는 가격에 하얀 무절임 반찬 4조각과 바지락 미소시루까지 먹을 수 있으니 괜찮은 가격이라 할 수 있겠다. 피망, 가지, 인삼, 오징어, 양파, 붕장어, 새우 등도 낱개 튀김으로 주문할 수 있다. 점포 내 창문을 열고 열심히 튀김을 반죽에 묻혀 큰 냄비의 기름에 넣고 계신 어르신의 모습이 일본적으로 다가온다. 좁은 가게에서 노부부와 아들이 함께 운영하는 모습은 왠지 정겨워 보인다.

**Info**

**주소** 東京都中央区日本橋人形町1-10-8 | **연락처** 03-3661-4538
**영업시간** 11:15~13:00, 17:30~21:00(재료 소진 시까지) | **휴무** 주말 · 축일
**위치** 도쿄 메트로東京メトロ 히비야 선日比谷線 닌교초 역人形町駅 a2출구, 도에이 지하철都営地下鉄 아사쿠사 선都営浅草線 닌교초 역人形町駅 a2출구, 도쿄 메트로東京メトロ 한조몬 선半蔵門線 스이텐구마에 역水天宮前駅 8번 출구 2분
**구글맵검색** 나카야마 도쿄 | **구글좌표** 35.684077, 139.782686

# 모리노엔
森乃園

"적당히 비싼 녹차라면 일본스럽지 않을까?"

시즌2 제2화에서 고로는 나카야마에 가기 전 일본스러운 선물을 찾다가 950엔의 맛차젠자이抹茶ぜんざい를 먹는다. 녹차(말차) 제품이 많아 선택 장애가 오던 고로. 1층은 녹차나 찻잔 등의 선물 가게이고 2층은 디저트를 먹을 수 있는 공간이다. 고로는 옆 테이블의 말차 맥주와 파르페에 눈이 돌아가기도 한다. 맛차젠자이를 먹기 전, 점원이 내어주는 호지차로 입안을 말끔하게 할 수 있다. 다이쇼 3년 창업이라고 간판에 적혀 있으니 1914년 개업한 것이다. 고로가 맛차젠자이를 고르긴 했지만 정작 이 집의 간판 메뉴는 파르페나 앙미쯔あんみつ 또는 빙수라고

한다. 맛차젠자이는 녹차 국물에 동그란 찹쌀 경단 다섯 알과 팥이 들어간 디저트다. 녹차를 강한 불로 볶아 호지차로 만드는 기계의 과정을 볼 수도 있다. 녹차를 볶는 과정에서 카페인이 사라져 아이들도 먹을 수 있게 된다고 한다.

**Info**

**주소** 東京都中央区日本橋人形町 2-4-9 | **연락처** 03-3667-2666
**영업시간** 1층(차, 선물 판매점) 평일 09:00~19:00 / 2층(카페) 12:00~18:00(L.O. 17:00)
토요일 · 일요일 · 축일 11:30~18:00(L.O. 17:00) | **휴무** 연중무휴
**위치** 도쿄 메트로東京メトロ 히비야 선日比谷線 닌교초 역人形町駅 A1 출구 도보 30초,
도에이 지하철都営地下鉄 아사쿠사 선都営浅草線 닌교초 역人形町駅 A1 출구 도보 30초
**구글맵검색** Morinoen | **구글좌표** 35.685363, 139.783636

# 토다야 상점

## 戸田屋商店

"시대극에서나 나올 물건들이 가득하군."

시즌2 제2화에서 고로가 나무 밥통을 발견한 잡화점이다. 주걱이나 기타 일본 공예품 등도 다루고 있다. 모리노엔에서 도보 30초도 걸리지 않는 가까운 거리에 있다. 고로의 말처럼 닌교초에 왔으니 닌교야키 가게 하나 정도를 찾아 닌교야키를 즐겨보자.

**Info**

주소 東京都中央区日本橋人形町 2-11-4 | 연락처 03-3666-5940
영업시간 10:00~19:00 | 휴무 주말 · 축일
위치 도쿄 메트로東京メトロ 히비야 선日比谷線 닌교초 역人形町駅 A1 출구 도보 30초,
도에이 지하철都営地下鉄 아사쿠사 선都営浅草線 닌교초 역人形町駅 A1 출구 도보 30초
구글맵검색 토다야 상점 | 구글좌표 35.685429, 139.784090

# 헤이와엔
平和苑

"와사비갈비는 놀랍군. 밥을 먹는 걸 잊었어."

시즌2 제3화. 거래를 위해 누마부쿠로를 방문한 고로는 연이어 거래를 성사시키고 배가 고파진다. 역 주변 중심지를 한참 벗어난 조용한 주택가에 위치한 헤이와엔은 스태미나 최고라는 간판이 인상적이다. 넉살이 좋아 가끔 손님들의 고기를 구워주며 말을 걸어오신다는 주인장 할아버지가 운영한 지 40년이 넘었다. 화로의 숯불 위 철망에 구워먹는 방식으로 고로는 와사비갈비わさびカルビ(1600엔)를 주문해 고기와 기름이 오묘하게 당기는 갈비를 구워 와사비를 고기 위에 올린

다. 그리곤 삼각살三角(1600엔)을 구우며 이번에는 레몬즙을 뿌려 먹는다. 거기에 대퇴부 살까지 클리어한 뒤 양념갈비도 음미한다. 날계란덮밥에 소금낫토까지 흡입한다.

어느 부위를 먹어야 할지 고민이 된다면 소가 입맛을 다시고 있는 그림이 재미난 메뉴판을 들고 소의 부위를 손가락으로 찍어주자. 그러라고 만든 메뉴판임에 분명하다. 샐러드나 수프, 국밥, 비빔밥 등의 사이드 메뉴도 준비되어 있다. 국밥, 비빔밥은 가타가나로 써져 있는데 한국말 발음 그대로이다. 고기가 얇아 금방 구워지기 때문에 굽기 바쁘다. 고로처럼 혼자 온 손님은 아예 받아주지 않는다. 그리고 예약은 필수다. 직접 찾아와도 소용없다. 노트에 빼곡히 적힌 예약 손님 명단을 할머니께서 보여주신다.

**Info**

**주소** 東京都中野区沼袋 3-23-2 | **연락처** 03-3388-9762
**영업시간** 수~금요일 18:00~23:00 토요일 · 일요일 17:00~23:00 | **휴무** 월요일 · 화요일
**위치** 세이부 철도西武鉄道 세이부신주쿠 선西武新宿線 누마부쿠로 역沼袋駅 남 출구南口 도보 6분
**구글맵검색** 헤이와엔 | **구글좌표** 35.718688, 139.660188

# 로제

## ロジェ

"생크림과 초코와 바나나! 누가 생각해 낸 걸까?
이 나이스한 조합."

시즌2 제3화에서 고로가 이곳에 온 이유는 고객과의 미팅을 위해서였다. 결국 거래를 성사시키는 고로. 초코바나나크림타르트를 먹으며 고로는 초코파우더의 쓴맛이 좋다며 감탄한다. 고로는 홍차도 즐긴다. 초코바나나크림타르트의 1층은 농후한 카스텔라, 2층은 두꺼운 초콜릿, 3층은 바나나, 4층은 크림, 5층은 초콜릿파우더에 6층은 민트가 올라가 있어 진한 맛을 느낄 수 있었다. '파스타 카페 바'라는 간판에서 읽을 수 있듯이 900엔의 파스타 메뉴는 이 집의 런치 메인이

다. 100엔을 더하면 샐러드에 음료수까지 먹을 수 있다. 저녁에는 피자나 기타 요리를 원하는 손님이 많다. 술 종류도 엄청나다. 캐주얼한 복장의 젊은 사장님 두 분의 접대가 상냥하다. 어두운 실내 분위기는 안정감을 주지만 호불호가 갈릴 수 있다.

**Info**

**주소** 東京都中野区沼袋1-39-3 2F | **연락처** 03-5318-9543
**영업시간** 12:00~00:00(L.O. 23:00) | **휴무** 화요일 · 비정기적 휴무 | **홈페이지** cafe-roje.com
**위치** 세이부 철도西武鉄道 세이부신주쿠 선西武新宿線 누마부쿠로 역沼袋駅 북 출구北口 도보 10초
**구글맵검색** AlcolicCafe | **구글좌표** 35.719750, 139.663850

# 코히 분메이

## 珈琲 文明

"커피콩의 좋은 향이 나는군."

시즌2 제5화. 맛있는 스페셜 커피를 마시러 자리 잡은 고로는 사실 이곳에 오기 전 가나가와 대학교의 명물 디저트인 진다이소후토후루츠믹쿠스를 먹다가 여대생들이 몰려와 급히 먹고 도망쳤다. 이후 고로는 이곳에서 나카미세 브랜드커피를 주문한다. 코히 분메이는 사이폰을 이용해 커피를 만들어 내리는 독특한 점포다. 하늘을 올려다보면 더 특별한 가게임을 알 수 있다. 점포 내부 인테리어를 구경하고 온갖 취미와 작사, 작곡, 가수를 겸해 다수의 음반을 발매한 경력이 있

는 나이 지긋한 주인장의 일당백의 움직임을 보다 보면 커피가 사이폰을 통해 내려지는 약 20분이 훌쩍 지나고 전구 모양의 잔을 받을 수 있다. 빵의 머리를 따서 그 안에 카레를 부은 카레빵도 이 집의 유명한 메뉴다. 참고로 사이폰 커피라 함은 물을 끓여 증기의 압력을 이용한 커피 추출 방식이다. 일반 커피 전문점에서는 한 잔에 10g의 원두를 사용하지만 커피 분메이는 23g의 원두를 사용한다고 한다. 에티오피아, 케냐, 수마트라 어느 농장에서 누가 생산했는지 명확한 원두만을 취급한다고 한다. 4종의 브랜드커피 모두 620엔이다. 너무나도 상냥한 주인아저씨는 사람이 많은 주말이 아닌 평일에 와주길 간곡히 부탁했다.

**Info**

**주소** 神奈川県横浜市神奈川区六角橋1-9-2 | **연락처** 045-432-4185
**영업시간** 12:00~20:00 | **휴무** 매주 수요일 및 셋째 주 화요일
**위치** 도큐 전철東急電鉄 도큐 도요코 선東急東横線 하쿠라쿠 역白楽駅 서 출구西口 도보 3분
**구글맵검색** 커피 분메이(Coffee Bunmei) | **구글좌표** 35.488063, 139.626312

# 킷친 토모

キッチン友

"이거 하나만으로 충분히 밥 한 공기를 먹겠군."

시즌2 제5화. 대학교수에게 의뢰품을 전달하고 가나가와 현 요코하마 시 하쿠라쿠에 간 고로는 요코하마의 롯카쿠바시六角橋 상점가로 들어선다. 가게 밖에는 배달을 하는지 철가방이 보인다. 창업 55주년을 맞은 킷친 토모에서 고로는 주인의 안내를 받아 2층에 자리를 잡았다. 고로는 양파와 돼지고기와 마늘과 스파게티를 간장과 화이트와인으로 양념해서 구운 스페셜토모야키スペシャル友風焼き

(950엔), 토마토와 오이가 들어간 햄포테이토샐러드(350엔)와 돼지고기 된장국인 톤지루豚汁를 시킨다. 점포 밖에 유리 쇼케이스가 있어 미리 메뉴를 고를 수 있어 좋다. 개업한 지는 40년이 훌쩍 넘었고 주변 대학과 상점가 사람들이 주요 단골이다. 어느새 75세가 된 마스터 오오토모 료스케 씨의 모습이 다소 짠하게 느껴진다. 16세 때 빵집에서 일하며 야채빵 제법을 배운 료스케 씨는 도쿄 오차노미즈의 양식점에서 일하며 4년간 요리사의 길을 밟았고 불과 20세의 약관에 킷친 토모를 개업해 혼자 음식을 만들어 왔다. 그는 오늘도 아침 9시부터 양식당의 기본 중에 기본인 데미그라스소스 냄비에 불을 붙이고 함바그를 비비는 일로 하루를 시작한다.

**Info**

**주소** 神奈川県横浜市神奈川区六角橋1-7-21 | **연락처** 045-431-1152
**영업시간** 12:00~22:00(평일만 15:30~17:30 브레이크 시간 있음) | **휴무** 수요일
**위치** 도큐 전철東急電鉄 도큐 도요코 선東急東横線 하쿠라쿠 역白楽駅 서 출구西口 도보 2분
**구글맵검색** 키친 토모 | **구글좌표** 35.488985, 139.626783

# 라뜨리에 드 슈크루

L'ATELIER DU SUCRE

"달콤함과 씁쓸함은 어른의 즐거움이군."

시즌2 제6화. 약속 시간보다 한 시간 일찍 게이세이코이와 지역에 도착한 고로는 유리 쇼케이스에 진열된 바닐라후랑보아즈, 데리스쇼콜라, 수후레후로마즈 쇼트케이크에 정신을 빼앗긴다. 그러다 고심 끝에 생크림에 오디, 딸기, 블루베리 등 계절 과일이 잔뜩 올라간 460엔의 가토후레즈ガトーフレーズ 쇼트케이크를 먹는다. 타르트쇼콜라와 슈크림, 몽블랑, 강아지 발바닥 빵, 한정 식빵도 이 집의 인기 디저트다. 점내가 비좁고 날씨는 화창해 가게 밖 테라스석에 앉으니 케이크를 가져다주었다. 〈고독한 미식가〉를 보고 왔다고 하니 직원인 안나 씨는 한국에서

여기까지 찾아왔냐고 놀라며 슈크림을 공짜로 선사했다. 이 베이커리에서 멀지 않은 곳에 고로가 한눈을 팔던 어묵가게 마스다야增田屋가 있으니 관심이 있다면 발길을 넓혀보자.

**Info**

**주소** 東京都江戸川区北小岩6-5-5 | **연락처** 03-6458-9205
**영업시간** 11:00~19:00 | **휴무** 월요일, 화요일
**위치** 게이세이 전철京成電鉄 게이세이 본선京成本線 게이세이고이와 역京成小岩駅 북 출구北口 도보 4분
**구글맵검색** 라뜨리에 드 슈크루 | **구글좌표** 35.744775, 139.883688

# 사천 가정요리 젠젠

## 四川家庭料理 珍々 ゼンゼン

"밥이랑 먹어도 맵구나. 하지만 맛있어."

시즌2 제6화. 사진관에서의 거래를 마치고 배가 고파진 고로. 가토후레즈라는 단 케이크를 먹어 매운 것이 당겼던 고로는 중국 사천요리집을 찾았다. 고로는 산초와 고추 그리고 오이가 들어간 마늘소스 돼지고기인 1300엔의 산니바이로蒜泥白肉와 고민하다가 옆 테이블의 주문을 듣고 즉흥적으로 선택한 사천식 생선국인 2400엔의 파오차이위泡椒魚, 마늘소스 두부, 으깬 감자에 다진 고기를 넣고 끓여 참기름을 뿌린 1200엔의 쟈가토로じゃがとろ를 즐긴다. 매운 음식을 먹고 얼얼한 입을 진정시킬 감자가 들어간 쟈카토로를 음미한 고로의 선택은 매우 탁월하다. 젠젠의 요리는 맵기도 해서 당연히 밥이 필요한데 별도로 200엔의 밥값을 내

야 하는 점은 아쉬운 점이다. 고기가 많다고 생각하며 산니바이로의 고기를 집어 들었을 때, 밑에 깔린 오이가 아쉽기도 했다. 이 집 메뉴의 가장 위에 당당히 이름을 올리고 있는 것은 사천요리의 기본인 마파두부다.

젠젠은 중국 사천성 충칭 출신 사람인 60대 여주인 코카쿠 씨와 가족들이 운영하는 가게다. 이곳 테이블 한 쪽에는 젠젠에서 쟈카토로를 즐기는 고로의 모습을 담은 〈고독한 미식가〉 달력 (2016년 9월 분)이 놓여 있다. 저녁에만 운영하고 손님이 워낙 많아 예약은 필수다.

**Info**

**주소** 東京都江戸川区西小岩4-9-20 | **연락처** 03-3671-8777
**영업시간** 18:00~21:00 | **휴무** 일요일
**위치** JR 소부 선総武線 고이와 역小岩駅 도보 10분,
게이세이 전철京成電鉄 게이세이 본선京成本線 게이세이고이와 역京成小岩駅 북 출구北口 도보 10분
**구글맵검색** 사천가정요리 젠젠 | **구글좌표** 35.738187, 139.880188

# 오오우치

## 大内

"료고쿠에서 먹어야 할 메뉴가 있다면, '챵코나베'다."

시즌2 제8화. 주문 받은 오르골을 전달하기 위해 료고쿠의 이발소를 방문한 고로. 배가 고파진 고로는 마를 채 썰어 달걀 노른자와 와사비를 넣고 먹는 야마이모센기리山芋千切り(780엔), 생선과 고기 그리고 여러 야채를 썰어 냄비로 끓여 먹는 챵코나베ちゃんこ鍋 토리솟푸鳥ソップ(2750엔), 챵코나베 건더기를 먹고 남은 국물에 우동면을 추가해서 튀김가루와 파를 따로 토핑해서 먹는다. 챵코나베를 주문하면 나무 뚜껑이 덮인 냄비가 가스레인지 위에 올려진다. 당근, 양배추, 팽이

버섯, 표고버섯, 파, 조개, 닭고기, 유부, 두부, 츠미이레つみ入れ(생선살을 다져 밀가루 등과 섞어 경단처럼 만든 녀석.) 등의 재료가 그릇에 한가득 담겨 나온다. 점원이 재료 하나하나 냄비에 넣어 준다. 이러한 서비스는 드라마에서도 똑같이 재현되었다. 이것이 1인분인가 하는 의문이 들 정도로 양은 많다. 물론 가격대가 높긴 하다. 국물은 간장 베이스로 만든 만큼 다소 짜다. 고기로 닭고기를 쓰는 이유는 돼지나 소는 네 발로 있기 때문에 스모에서는 패배를 의미하기 때문이다. 그래서 승리를 기원하는 의미에서 두 발로 서는 닭고기를 쓰게 되었다고 한다. 역시 일본의 국기인 스모의 고장 료고쿠다운 발상이다. 료고쿠 지역 자체가 스모 선수들의 천국인지라 이 집에도 스모 관련한 액자와 소품이 눈에 들어오는데 이 집은 1950년대까지 실제로 스모 선수로 활약한 우치아마라는 선수의 가족들이 운영한다. 오오우치는 이 가게 주인의 성을 따 만들었다.

**Info**

**주소** 東京都墨田区両国2-9-6 | **연락처** 03-3635-5349
**영업시간** 17:00~22:00 | **휴무** 일요일 · 축일
**위치** JR 소부 선総武線 료고쿠 역両国 동 출구東口 도보 3분
**구글맵검색** 오오우치 | **구글좌표** 35.693597, 139.793095

# 코쿠기도

## 國技堂

"앙코아라레와 센베아이스 중 어느 것을 골라야 할지 고민되는군."

시즌2 제8화에서 고로가 챵코나베를 먹기 전 들러 세 종류의 단고 세트(팥소단고, 달달한 소스가 뿌려진 미타라시단고, 김가루가 올라간 이소베단고 3개, 600엔)를 먹은 곳이다. 세 가지 맛 모두 달달하고 쫀득한 식감을 느낄 수 있는데 저마다의 개성 강한 맛이 있어 비교하는 재미가 있다. 고로는 2층에서 여유롭게 디저트를 즐기기 전 1층의 판매점에서 센베 안에 팥 앙금이 있는 코쿠기도의 오리지널 과자 앙코아라레あんこあられ(딱딱한 센베 8개들이 400엔)라는 과자를 집어 들고 재밌어 한다. 코쿠기도에 오

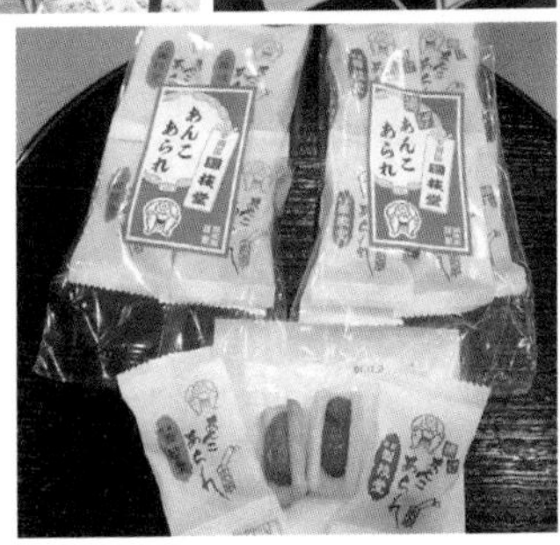


기 전 스모 동상과 고로의 뒷모습을 보여주기도 하는데 실제로 료고쿠 근처에는 스모 선수 동상이 곳곳에 있다. 다이쇼 12년 창업한 가게다.

**Info**

**주소** 東京都墨田区両国2-17-3 | **연락처** 03-3631-3856
**영업시간** 10:00~20:00 | **휴무** 비정기적 휴무
**위치** JR 소부 선総武線 료고쿠 역両国駅 서 출구西口 도보 2분
**구글맵검색** 코쿠기도 | **구글좌표** 35.694718, 139.792149

# 사무라이
## 珈琲道場 侍

"기대되는 커피젤리로 가볼까?"

시즌2 제9화. 고로는 외근을 마치고 돌아가는 길에 프랑스 지인에게 메일을 보내기 위해 커피집 사무라이를 방문한다. 이름부터 웃음이 절로 나온다. 체육관이 아니지만 간판에도 '커피 도장'이라는 표현을 쓰고 있다. 고로는 2층 가게 입구의 사무라이 복장을 보고 놀란다. 고로는 flavor coffee(블루베리 맛, 480엔.)와 새하얀 눈 같은 커피젤리(480엔)를 음미한다. 커피젤리 위에 하얀 국물이 있어 커피가 맞는지 의심이 되었지만 그것은 매우 얇은 막이었고 확실히 커피젤리가 아래에

검게 꽉 차 있었다. 그것을 바닐라 아이스크림과 섞어 먹으니 정말 맛있는 디저트가 되었다.

가게는 2층에 위치해 있다. 나무 문을 열면 옛날 일본 전국 시대 쇼군 복장이 기다리고 있다. 여직원에게 가게의 이름이 찻집과는 거리가 먼 사무라이인데 무슨 연관이 있느냐 물으니 이 가게의 오너가 이 찻집을 운영하기 전에 일본의 전통 무예 도장을 운영했다고 한다. 그래서 이름도 사무라이라고 지었다고.

**Info**

**주소** 東京都江東区亀戸6-57-22 サンポービル2F | **연락처** 03-3638-4003
**영업시간** 08:00~01:00(L.O. 00:30) | **휴무** 일요일
**위치** JR 소부 본선総武本線 가메이도 역亀戸駅 동 출구東口 도보 10초
**구글맵검색** Samurai Cafe | **구글좌표** 35.696938, 139.828563

# 마스에이 어묵점
## 増英蒲鉾店

"츄카아게(95엔)랑 슈마이마키 주세요."

시즌2 제9화. 외근을 마치고 돌아가는 길에 스나마치긴자 상점가砂街銀座商店街에서 빈손으로 돌아갈 수 없는 고로는 반찬거리를 살 요량으로 수제 어묵 전문점인 마스에이에서 어묵을 구입한다. 얼마 뒤 고로는 무를 사지 않은 것을 후회한다.

마스에이 어묵점은 어묵 한 메뉴만으로 지역 주민들의 엄청난 사랑을 받는

곳이다. 개당 40엔에서 100엔 사이의 어묵이 주를 이루고 국물도 봉지에 넉넉히 주니 서민들의 가게라 하겠다. 감자, 달걀(53엔), 무, 완자, 오징어 오뎅, 모치킨, 비엔나소시지오뎅, 야키치쿠와(95엔) 등도 육수에 들어가 손님들을 기다린다. 야채 튀김 같은 서브 메뉴도 있다.

**Info**

**주소** 東京都江東区北砂4-24-5 | **연락처** 03-3645-1802
**영업시간** 11:00~18:00 | **휴무** 월요일
**위치** 도에이 지하철都営地下鉄 신주쿠 선新宿線 니시오지마 역西大島駅 A4 출구 도보 15분
**구글맵검색** Masuei Shoten | **구글좌표** 35.679718, 139.831733

# 사카이
さかい

"힘줄은 놓쳤지만 참치는 낚았다."

시즌2 제9화에서 고로가 성인 손바닥 크기의 마구로멘치(300엔)를 산 곳이다. 주인아주머니의 넉살이 좋다. 그날의 첫 판매 개시는 나였다. 주인아주머니 본인 스스로 드라마에 나온 것이 가물가물하다고 하셔서 직접 나오셨던 부분을 보여드렸더니 껄껄 웃으시며 자신과 사진을 한 장 찍자고 하셨다. 나도 사진 한 장을 부탁드렸다. 수제 마구로멘치는 금방 튀긴 것이라 그런지 정말 바삭바삭하고 고

소한 맛이 일품이었다. 참치를 이런 식으로 맛있게 먹을 수 있다니 감탄이 절로 나오는 맛이었다. 사카이는 수제로 만드는 슈마이와 만두가 유명하다.

**Info**

**주소** 東京都江東区北砂5-1-33 | **연락처** 03-3646-5670
**영업시간** 10:30~19:00 | **휴무** 비정기적 휴무
**위치** 도에이 지하철都営地下鉄 신주쿠 선新宿線 니시오지마 역西大島駅 A4 출구 도보 15분
**구글맵검색** MRHJ+WJ (도쿄) | **구글좌표** 35.679796, 139.831582

# 아사리야상
あさり屋さん

"바지락밥을 메인으로 반찬을 곁들이면 되겠어."

시즌2 제9화에서 고로가 바지락밥 작은 녀석을 산 곳이다. 가게 이름부터가 '바지락가게'다. 극 중에는 그나마 젊은 여자가 등장하지만 실제로는 머리에 수건을 쓴 80대 노모 오가와 쇼코 할머니가 엄청난 양의 바지락밥을 투명한 플라스틱 1회용 용기에 하나하나 소분하고 계셨다. 작은 녀석은 300엔, 큰 녀석은 500엔이다. 이 집에서 가장 잘 팔릴 때 소모하는 바지락과 개량조개 등 무게의 합이 100킬로그램이 넘을 때도 있다고 하니 이 일대에서 얼마나 유명한 집인지 알 수 있다. 아들 테츠오哲生 씨가 아침에 바다에서 잡은 조개를 노모가 우라야스라는 지

역에서 노점으로 35년간 팔면서 이 장사가 시작됐다고 한다. 이곳에 가게를 차린 지는 불과 13년 밖에 되지 않았다. 맛있는 바지락밥을 만드는 일이 옛날 노점에서 자신을 도와준 사람들의 은혜에 보답하는 길이라고 생각하신다는 노모의 마음이 바지락밥만큼이나 따뜻하다.

**Info**

**주소** 東京都江東区北砂4-25-5 | **연락처** 03-6666-0481

**영업시간** 11:00~19:30 | **휴무** 비정기적 휴무

**위치** 도에이 지하철都営地下鉄 신주쿠 선新宿線 니시오지마 역西大島駅 A4 출구 도보 15분

**구글맵검색** Asariya-san | **구글좌표** 35.679813, 139.832688

# 타케자와
## 竹沢商店

"소, 돼지고기조림 300그램 주세요."

시즌2 제9화에서 고로가 고기찜을 산 곳이다. 고로는 육해공 그리고 갯벌까지 정복했다며 아이처럼 기뻐하며 귀가한다. 간, 염통, 혀, 껍질, 연골, 허벅지살, 삼겹살 등 각종 부위의 꼬치구이가 유명한데 가격도 개당 50~200엔 사이로 저렴하다. 소스가 발린 녀석으로 할지 소금으로 간을 한 녀석으로 할지 선택해야 한다. 끊임없이 전기로 발생되는 관의 열기로 꼬치를 굽는 모습을 구경할 수 있다.

## Info

주소 東京都江東区北砂4-40-11 | 연락처 03-5634-3248

영업시간 11:00~재료 소진 시까지 | 휴무 월요일

위치 도에이 지하철都営地下鉄 신주쿠 선新宿線 니시오지마 역西大島駅 A4 출구 도보 16분

구글맵검색 Takezawa Shoten | 구글좌표 35.680016, 139.834640

# 타야
## 田や

"메뉴 때문에 신경 쇠약에 걸릴 것 같아."

시즌2 제10화, 고로는 독일에서 이벤트에 쓰일 일본식 등불에 대한 의뢰를 받고 주조로 온다. 등불점에서 타야라는 가게의 등불과 만나는데, 이후 배가 고파져 우연히 들어간 가게가 타야다. 문을 열고 들어서자 오른편으로는 카운터석이 있고 왼쪽으로는 신발을 벗고 앉는 좌식 테이블이 있었다. 가게는 손님들로 꽉 찼고 매우 시끄러운 분위기였다. 주인이 가부키 연극을 좋아하는지 포스터가 여기저기 많이 붙여져 있었다.

고로는 타야에서 고등어를 살짝 훈제한 사바노쿤세이(550엔), 햄과 김치, 굴튀김인 카키후라이(800엔), 잔멸치덮밥인 톤부리시라스(500엔), 달걀말이인 타마고 야키를 즐긴다. 굴튀김에는 레몬이 한 점 나온다. 점내 벽은 많은 종이 메뉴로 인해 지저분해 보이지만 음식의 맛은 깔끔하고 담백하다. 메뉴의 종류는 70종 이상이라고 한다. 기본 강제 안주인 오토시의 금액은 300엔이다.

**Info**

주소 東京都北区中十条2-22-2 | 연락처 03-3909-1881
영업시간 16:00~00:00 | 휴무 월요일
위치 JR 사이쿄 선埼京線 주조 역十条駅 북 출구北口 도보 5분
구글맵검색 QP6F+J5 (도쿄) | 구글좌표 35.761532, 139.722911

# 다루마야 떡 · 과자점

だるまや餠菓子店

"단팥죽으로 몸을 좀 따뜻하게 하고 갈까."

시즌2 제10화에서 고로가 유리 진열장의 단팥죽 음식 모형을 보고 들어왔다가 주인아주머니의 권유로 뜻하지 않게 쌀쌀한 날씨에 10월에서 3월 사이에만 맛볼 수 있다는 특선 밤팥빙수(2600엔)를 음미하던 가게다. 1947년 창업한 다루마야는 주조 역十条駅 아케이드 상점가 안에 위치한 점포다. 사과에서 무화과, 블루베리까지 평소 보기 힘든 빙수 재료들로 빙수를 만들고 있는 가게다. 더욱이 사계

절 내내 팥빙수를 즐길 수 있는 곳이다. 깃털처럼 가벼워 자꾸자꾸 먹게 된다는 밤빙수의 진수를 느껴보자. 단고, 김밥, 팥죽, 앙미츠 등도 판매하고 있다.

**Info**

주소 東京都北区十条仲原1-3-6 | 연락처 03-3908-6644
영업시간 10:00~18:30 | 휴무 화요일
위치 JR 사이쿄 선埼京線 주조 역十条駅 북 출구北口 도보 3분
구글맵검색 Darumaya sweet | 구글좌표 35.762224, 139.721391

# 라이카노

## タイ料理ライカノ

"태국 카레란 상냥한 맛이 나는구나."

시즌2 제11화. 태국인 사장님이 운영 중인 태국요리 전문점 라이카노에서 고로는 양이 작고 술안주스러운 타이 동북부 소시지구이, 다진 소고기와 타이 스파이시 허브(980엔), 달달한 노란색 타이 티 음료, 찜닭과 감자카레, 떡과 코코넛밀크빵으로 만든 태국 디저트인 카노무토이(420엔), 닭고기가 들어간 국물 없는 면을 즐긴다. '국물 없는 면과 닭고기 토핑'은 새콤달콤한 소스가 아래에 있기 때문에 잘 비벼먹어야 한다. 태국 스타일의 소품들이 가득한 가게엔 나 말고는 온통 여성

손님들 천지다. 태국 음식이 여성향인가? 드라마 주인공 마츠시게 유타카와 가게 사람들이 찍은 사진과 함께 사인도 액자로 걸려 있다. 찜닭과 감자카레는 런치 메뉴로 시키면 가격이 저렴해지면서 밥이 한 덩어리 같이 나온다. 태국식 복장을 한 날씬한 태국 여성 세 명이 주문과 서빙을 담당하고 실내에는 태국의 경곡이 계속 흘렀다. 메뉴가 130종이 넘는다.

**Info**

**주소** 東京都足立区千住2–62 | **연락처** 03–3881–7400
**영업시간** 11:30~15:00, 17:00~23:00(L.O. 22:00) | **휴무** 월요일 런치만 휴무
**위치** JR 조반 선常磐線 기타센주 역北千住駅 서 출구西口 도보 3분,
도쿄 메트로東京メトロ 지요다 선千代田線, 히비야 선日比谷線 기타센주 역北千住駅 서 출구西口 도보 3분,
도부東武 이세사키 선伊勢崎線 기타센주 역北千住駅 서 출구西口 도보 3분
**구글맵검색** Lai Kanok | **구글좌표** 35.749292, 139.803443

# 이츠키
樹

"크로켓에 소스를 칠 때 두근두근거려."

시즌2 제12화. 바에서 고객을 만나고 배가 고파진 고로는 이츠키의 삼품 정식(1000엔)에 크로켓 단품을 추가해 먹는 것을 선택한다. 고로가 선택한 삼품 정식은 10가지 반찬 중에 세 가지 반찬을 골라 주문하는 정식이다. 고로는 고민 끝에 오리고기 마리네, 가지와 된장을 볶은 나스미소이타메, 방어를 무와 조린 부리 다이콘을 선택한다. 이 외에도 버섯, 달걀, 연근 등의 반찬 등이 있어 삼품 정식으로 고를 수 있다. 가게는 아주머니 두 분이 운영하고 계셨다. 참고로 삼품 정식은 저

녁에만 선보이는 메뉴다. 크로켓을 단품으로 주문하면 세 개를 준다. 테이블에 간장, 시치미, 소금, 후추 등 무려 일곱 가지의 소스 혹은 조미료가 준비되어 있다. 주위를 둘러보고 있으니 종이 한 장을 아예 선물이라며 주셨다. 〈고독한 미식가〉의 팬들이 오면 한 장씩 기념으로 주려고 많이 복사해 놓으셨다고 한다. 드라마 주인공과 가게 스태프들이 함께 찍은 사진들의 모음이다. 대만이나 중국 사람들은 가족 단위로 찾아오는데 한국 사람들은 혼자 오는 사람이 많아 나라별로 차이가 있다는 점도 말씀해주셨다. 요즘에야 일본에 혼자 식당에서 밥 먹는 남자들이 많지만 옛날에는 부끄러워 그러지 못했다는 이야기도 들려주셨다.

**Info**

**주소** 東京都三鷹市上連雀2-3-7 | **연락처** 0422-48-1338
**영업시간** 11:45~14:00, 18:30~23:00 | **휴무** 일요일
**위치** JR 주오 선中央線, 소부 선総武線 미타카 역三鷹駅 남 출구南口 도보 6분
**구글맵검색** 도쿄 이츠키 | **구글좌표** 35.700056, 139.558905

# 타카네
たかね

"진지하게 먹을 만한 가치가 있는 타이야키たい焼야.
꼬리까지 팥앙금이 제대로 들어있군."

시즌2 제12화. 고로가 생선 도미의 모양을 한 타이야키(200엔)와 덴류차를 먹고 마신 곳으로 그는 콩떡인 마메다이후쿠를 보고 이 집이 대단한 집이라고 생각한다. 들어오기 전에는 타이야키 버스정류장이라는 재미난 간판을 보고 매료되기도 했다. 고로가 주문한 덴류차는 시즈오카 덴류 강 인근에서 재배한 차의 종류다. 이외에 18종의 일본차를 마실 수 있다. 타이야키는 하루 400여 개 한정해서 만들고 있는데 우리나라의 붕어빵보다는 한층 팥소의 양이 많다. 홋카이도산 팥

을 사용하고 밀가루도 미국산이 아닌 홋카이도산이다. 타이야키는 오직 한 사람이 굽는데 벌써 29년간 굽고 있다. 타카네는 1953년에 오픈한 노포로 양갱과 단고, 앙미츠도 명물이다. 점내에서의 사진 촬영은 금지되어 있다.

**Info**

**주소** 東京都三鷹市下連雀3-32-6 | **연락처** 0422-44-8859
**영업시간** 10:00~19:00(일요일은 18:40까지) | **휴무** 월요일, 화요일
**위치** JR 주오 선中央線, 소부 선総武線 미타카 역三鷹駅 남 출구南口 도보 7분
**구글맵검색** MHX6+FC (도쿄) | **구글좌표** 35.698724, 139.561022

# 프치몬도
プチモンド

"후르츠산도 덕분에 기분이 신선하군."

시즌3 제1화. 20년 만에 아카바네에 온 고로는 변한 거리의 모습에 놀란다. 프치몬도에서 만난 마리코의 요상한 패션과 악마상 요구에 진을 뺀 고로는 프치몬도의 과일샌드위치로 기분전환을 한다.

자리에 앉자 레몬이 곁들여진 얼음물을 받을 수 있었다. 크림이 듬뿍 들어간 과일 샌드위치인 후루츠산도フルーツサンド(750엔)는 〈고독한 미식가〉 방영 후, 프치몬도의 가장 유명한 메뉴가 되었다. 빵은 쫄깃하고 딸기, 멜론, 파인애플, 오렌지 등 과일은 신선하고 많으며 크림은 달콤하다. 샌드위치가 아닌 케이크를 먹고 있

다는 착각이 들 정도로 크림이 가득하다. 주인 할아버지는 가장 힘든 일이 과일과 크림이 꽉 찬 빵을 써는 일이라고 하셨다. 예쁘게 단면이 안 썰려도 이해해 달라고 말이다. 35년 이상 매일 새벽 4시 청과물 시장에 나가는데, 결코 저렴한 과일 위주로만 사입하지 않으신다고 자부하는 할아버지의 정성을 생각하면 샌드위치 식빵의 단면쯤이야 어찌 됐든 상관없어진다.

입안에 과일샌드위치의 크림이 남아 있을 때 커피를 마시면 마치 비엔나커피를 마시는 기분이 된다고 고로는 독백했다. 참고로 비엔나커피는 아메리카노에 생크림을 얹어 먹는 커피다. 가게의 시원한 통유리로 인해 외부에서 점내의 모습을 여과 없이 볼 수 있다. 유리 쇼케이스에는 신선한 사과, 오렌지, 귤, 배, 레몬, 키위, 멜론, 수박 등의 과일들이 넘친다. 카운터석에 앉으면 멋지게 빼어 입은 노신사가 일하는 모습을 볼 수 있다. 이 노부부는 원래 과일 가게를 하다가 신칸센 공사가 시작되며 그 자리를 내주게 되어 자리를 이전해 과일 디저트 가게를 차리게 되었다. 할머니는 손님들의 마실 물을 준비하시고 서빙을 하는데 송곳으로 큰 얼음덩어리를 깨는 모습이 조금 안쓰러워 보였다.

**Info**

**주소** 東京都北区赤羽台3-1-18 | **연락처** 03-3907-0750
**영업시간** 10:00~18:00(상품 또는 과일 소진 시까지) | **휴무** 목요일, 금요일
**위치** JR 사이쿄 선埼京線 게이힌 도호쿠 선京浜東北線 아카바네 역赤羽駅 서 출구西口 도보 5분, 도쿄 메트로東京メトロ 난보쿠 선南北線 아카바네이와부치 역赤羽岩淵駅 도보 6분
**구글맵검색** Petit Monde Fruit Parlor | **구글좌표** 35.781036, 139.718103

# 카와에이

川栄

"하루아침에 만들어지는 맛이 아니다. 나는 역사를 먹었다."

시즌3 제1화. 1946년 창업한 장어 전문점 카와에이에서 고로가 먹은 메뉴는 호로새의 기름기가 있는 부위 고기로 만든 호로아부라꼬치ほろ油串(300엔), 여러 부위의 고기를 끼운 호로바라꼬치ほろバラ串(300엔), 호로수프ほろスープ(350엔), 장어 오므라이스인 우나기오무레츠鰻のオムレツ(650엔), 장어덮밥인 우나동うな丼(1900엔)이다. 윤기와 맛이 넘치는 장어덮밥에 대한 호불호는 없지만 장어오므라이스의 맛엔 호불호가 갈린다. 호로아부라꼬치에는 무를 간 오로시라는 녀석이 얹힌다. 카와에이는 드라마에서도 등장했듯 아카바네 명점가에 위치해 있다. 점두의 유리

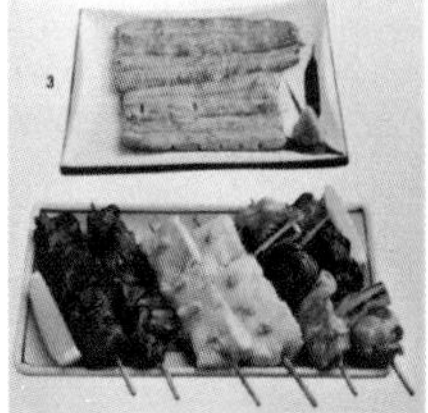

쇼케이스에 여러 꼬치들이 진열되어 있고 〈고독한 미식가〉의 원작자인 쿠스미의 사인 일러스트 등 여러 연예인들의 사인이 붙어 있다. 1층과 2층을 모두 쓰고 있는데 2층은 신발을 벗고 방석에 앉을 수 있는 공간으로 되어 있다. 사람이 너무 많아 예약은 필수다.

**Info**

**주소** 東京都北区赤羽1-19-16 | **연락처** 03-3901-3729

**영업시간** 월~토요일 11:30~14:00, 17:00~20:30 일요일 · 축일 11:30~17:00 | **휴무** 수요일

**위치** JR 우츠노미야 선宇都宮線 다카사키 선高崎線 쇼난신주쿠 라인湘南新宿ライン 게이힌 도호쿠 선京浜東北線 사이쿄 선埼京線 아카바네 역赤羽駅 동 출구東口 도보 3분

**구글맵검색** QPJC+23 (도쿄) | **구글좌표** 35.780110, 139.720134

# 다이이치테이
第一亭

"파탄이 뭐지? 인기 상품인가?"

시즌3 제2화. 의뢰인의 주문에 맞는 상품을 생각하며 산책을 하다가 길을 잃은 참에 만난 '돼지' 간판에 이끌려 고로는 돼지 오소리감투와 생강을 볶은 치토노쇼가이타메(600엔), 탱글탱글한 식감의 짭짤한 내장볶음인 호르몬이타메(600엔), 시간을 들여 데쳐 부드러운 돼지 혀와 된장 그리고 대파, 마늘 스파게티인 파탄(600엔)을 즐긴다. 파탄은 마늘을 빻는 소리에 기인해 이름이 붙었다고 하는데 면은 차갑고 살짝 두꺼우며 쫄깃함이 느껴진다. 차가운 파탄을 주문하면 따듯한 국

물을 따로 준다. 면만 먹어도 되고 국물에 츠케멘 형태로 먹어도 된다. 치토노쇼 가이타메는 오소리감투 부위를 쓰는데 돼지 한 마리에서 나오는 양이 적다. 오소리감투는 오소리의 털로 만든 벙거지를 뜻하는데, 굴로 들어가 나오지 않는 오소리의 고집과 오소리감투 부위 고기를 서로 먹으려는 사람들의 다툼이라는 이미지가 섞여 돼지고기의 한 부위의 이름이 오소리감투가 되었다고 전해져 내려온다. 호르몬이타메의 호르몬은 일본에선 내장 부위를 뜻한다. 다이이치테이는 라면과 군만두로도 유명하다. 사람은 늘 많지만 회전이 빨라 예약은 필요 없다.

**Info**

**주소** 神奈川県横浜市中区日ノ出町1-20 | **연락처** 045-231-6137
**영업시간** 11:30~13:30, 16:30~21:00 | **휴무** 화요일
**위치** 게이힌 급행 전철京浜急行電鉄 게이큐 본선京急本線 히노데초 역日ノ出町駅 도보 2분
**구글맵검색** Daiichitei | **구글좌표** 35.445633, 139.628071

# 키사쿠
## 喜作

"솜씨가 배어 있어. 두 번 발라 좋군."

시즌3 제4화. 나이 많은 주인 어르신이 손수 구워 만드는 센베를 보고 고로는 센베 한 봉지를 구입하고 공원 벤치에 앉아 먹는다. '장인의 기술, 전통의 맛'을 구호로 하는 이 가게의 센베는 극 중에서 와자토고와시와리센わざとこわし割煎(일부러 반 자른 전병)으로 등장한 간장을 두 번 바르는 니도즈케 선베다. 한 봉지에 669엔이다. 키사쿠의 센베는 멥쌀과 찹쌀을 사용한다. 창업 65년의 세월이 흐른 점포다. 건물 입구 오른쪽에서 숯불을 앞에 두고 할아버지께서 열심히 센베를 뒤집으며 굽고 계시는 모습을 볼 수 있다.

## Info

⌂ **주소** 東京都文京区関口1−7−2 | ✆ **연락처** 03−3268−1121

◷ **영업시간** 09:30~19:00 | 📅 **휴무** 일요일 · 축일 | 🌐 **홈페이지** warisen.co.jp

◎ **위치** 도쿄 메트로東京メトロ 유라쿠초 선有楽町線 에도가와바시 역江戸川橋駅 3번 출구 도보 3분

G **구글맵검색** PP5J+8Q (도쿄) | G **구글좌표** 35.708353, 139.731956

# 우오타니
## 魚谷

"사이쿄야키는 최강이군. 흰쌀밥으로 쫓아가는 행복이야."

시즌3 제4화. 프랑스인 의뢰인이 원하는 바둑판을 찾기 위해 에도 가와바시의 바둑판 가게를 찾은 고로는 이내 배가 고파진다. 고로는 금눈돔회, 은대구구이인 긴다라사이쿄야키銀だら西京焼き, 생선의 지느러미살이 간장과 유자의 소스에 담긴 엔가와폰즈ポン酢(550엔), 낫토에 달걀노른자, 참치등살, 연어알, 문어, 성게알을 얹은 바쿠단 낫토, 홍살치조림인 킨키노니즈케를 음미한다. 사이쿄야키는 쌀 함유량이 높은 사이쿄미소를 발라 굽는 요리법이다. 점포는 왼편으론 생선가게를 오른편으로는 식당을 하는 특이한 구조를 가지고 있다. 글로벌 아이돌 서바이

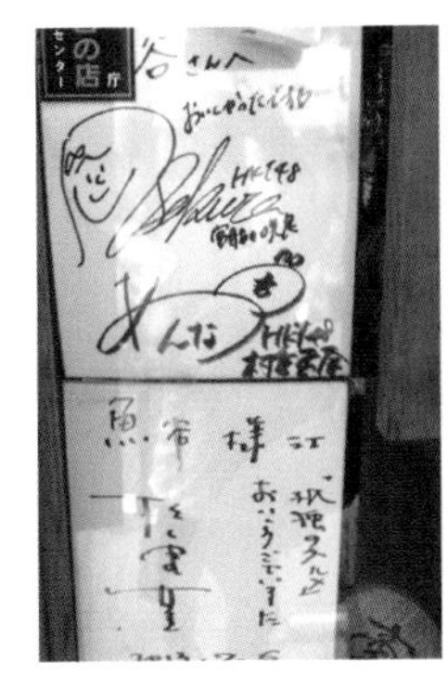

벌 프로그램인 〈프로듀스 48〉에서 인기를 끌어 한일 양국에서 유명한 일본 연예인 AKB48의 미야와키 사쿠라도 '식소녀'라는 프로그램을 통해 우오타니의 바쿠단 낫토를 소개하고 먹었다. 가게 한편에는 미야와키 사쿠라와 마츠시게 유타카 그리고 〈고독한 미식가〉 원작자 쿠스미의 사인이 나란히 붙어 있다. 점심시간엔 사이쿄야키만 판매한다고 하니 주의하자.

**Info**

**주소** 東京都文京区関口1-2-8 | **연락처** 03-3268-8129
**영업시간** 평일 11:30~13:30, 17:30~22:30 | **휴무** 주말 · 축일
**위치** 도쿄 메트로東京メトロ 유라쿠초 선有楽町線 에도가와바시 역江戸川橋駅 4번 출구 도보 3분
**구글맵검색** 우오타니 | **구글좌표** 35.708136, 139.733504

# 후지야
## 冨士家

"꼬치경단? 좋은 느낌이구만. 경단과 커피라?"

시즌3 제5화. 토키타 선배와 만나기 전 히가시나카노 역 주변을 둘러보다가 꼬치경단을 파는 집에 눈이 가는 고로. 경단과 커피를 마시는 여자를 보며 맛이 어떨지 궁금해 한다. 키위 바나나 복숭아 등 과일이 듬뿍 들어간 미츠마메, 팥빙수, 레몬스쿼시, 젠자이, 단고가 같이 나오는 커피 세트도 이 집의 인기 메뉴다.

**Info**

주소 東京都中野区東中野3-17-18 | 연락처 03-3361-3921
영업시간 09:30~20:00 | 휴무 월요일
위치 도쿄메트로東京メトロ 도자이 선東西線 오치아이 역落合駅 1번 출구 도보 5분,
JR 주오 선中央線 히가시나카노 역東中野駅 도보 4분,
도에이 지하철都営地下鉄 오에도 선大江戸線 히가시나카노 역東中野駅 도보 4분
구글맵검색 PM5J+FJ (도쿄) | 구글좌표 35.708649, 139.681513

# 도칸

## ドーカン

"정말 벚꽃 풍미다. 우유 속에 벚꽃이 날리는구나."

시즌3 제5화. 고로는 극장에 갔다가 토키타 선배로부터 아이스크림 한 컵을 받는다. 1990년 창업의 도칸이 만든 250엔의 '사쿠라 시오미르쿠 젤라또' 컵을 고로가 받은 것이다. 쇼트케이크와 젤라또로 유명한 베이커리 도칸. 가게 문이 열리자마자 첫 손님으로 방문했다. 냉동고에서 미리 만들어 놓은 컵으로 받아들었다. 주인 할아버지는 아이스크림을 차가움 손실을 줄이는 분홍색 포장지에 싸서 비닐에 넣어주셨다. 손님이 없는 전차 안에서 천천히 한 숟가락 떠서 음미했다.

소금맛과 아이스크림의 단맛에 벚꽃의 향이 난다는 고로의 말이 맞았다. 일본의 사쿠라와 이탈리아의 젤라또가 절묘하게 만난 디저트임에 틀림없다. 그러나 짠맛을 생각하고 먹지 않는 이상 전혀 짠맛을 느낄 수가 없다. 개인적으로 2008년 자취하던 곳이 히가시나카노 역 근처라 도칸은 반가운 가게였다.

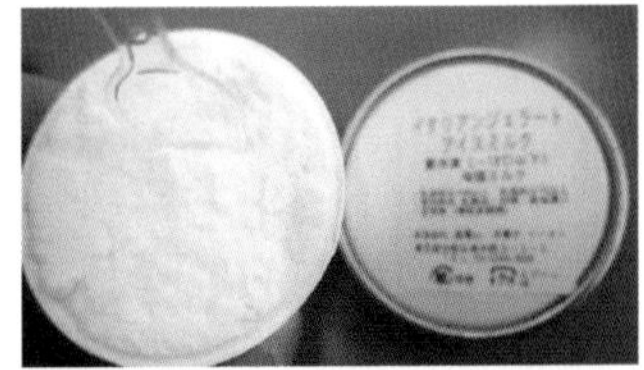

**Info**

**주소** 東京都中野区東中野3-2-2 | **연락처** 03-5386-3666
**영업시간** 09:30~20:30 | **휴무** 화요일
**위치** JR 소부 선総武線 히가시나카노 역東中野駅 서 출구西口 3분
**구글맵검색** 도칸 | **구글좌표** 35.706428, 139.681273

# 캬라반사라이
## キャラヴァンサライ

"아프가니스탄은 기본 양고기지."

시즌3 제5화. 히가시나카노 역에 내린 고로는 학창 시절 선배이자 현재는 영화관의 관장인 토키타를 만나게 되고, 이후 중동의 도예품과 직물들이 진열된 아프가니스탄 요리점 캬라반사라이로 들어간다. 양념에 재운 고기 꼬치구이 카바브(꼬치 한 개 300엔), 요거트 형식의 도그(Doogh), 철판냄비요리 카라히, 다진 양고기 미트볼 꼬치구이 코후타, 양고기를 소금과 후추가 들어간 올리브오일에 찍어 먹는 라무로스노다다키, 주걱같이 생긴 빵인 난, 면에 양고기와 토마토, 피망, 고수

를 얹어 먹는 참깨 냄새가 좋은 수타 비빔면인 라구만을 즐기는 고로.

파오 캬라반사라이가 있는 인도는 양고기 꼬치를 굽는 연기로 자욱하다. 연기가 나에게로 와 고통스럽기까지 하다. 짭짤한 양고기 꼬치는 상당히 맛있고 고소해서 평소 접하기 어려운 양고기에 대한 거부감을 말끔히 없애 주었다. 기무라 타쿠야 닮은 직원이 있다.

**Info**

**주소** 東京都中野区東中野2-25-6 | **연락처** 03-3371-3750
**영업시간** 월~토요일 17:00~00:00 일 · 축일 17:00~23:00 | **휴무** 연중무휴
**위치** JR 소부 선総武線 히가시나카노 역東中野駅 서 출구西口 2분,
도에이 지하철都営地下鉄 오에도 선大江戸線 A3 출구 2분
**구글맵검색** Pao Caravan Sarai | **구글좌표** 35.705799, 139.682328

# 야마겐
## 山源

"씹을수록 대단해."

시즌3 제6화. 탱글탱글한 기름기가 흘러내리는 대창 호르몬, 염통 하츠, 오도독뼈 난코츠, 관자놀이 코메카미를 즐기는 고로. 가게 내부의 메뉴를 노란 종이에 대충 적어 붙인 모습이 서민의 가게답다. 매우 작은 화로가 앙증맞다. 와사비소스와 유자후추소스 튜브를 주신다. 가방이나 부피가 큰 옷 등을 보관하는 바구니가 테이블 옆에 있고 비닐 안에 물품을 넣어 바구니에 넣으면 된다. 모든 자리에서

구워대는 연기를 뺄 생각은 없는 듯하다. 식사를 하다보면 마치 꿈속에서 대창을 먹는 듯, 몽환적 기분이 든다. 예약을 하지 않거나 혼밥을 원할 경우, 식사를 즐기기 어렵다.

**Info**

**주소** 東京都板橋区板橋1-22-10 | **연락처** 03-3963-4656
**영업시간** 17:00~22:00 | **휴무** 월요일
**위치** JR 사이쿄 선埼京線 이타바시 역板橋駅 서 출구西口 도보 3분,
도에이 지하철都営地下鉄 미타 선三田線 신이타바시 역新板橋駅 도보 5분
**구글맵검색** Yamagen tokyo | **구글좌표** 35.747293, 139.718868

# 타모츠의 빵

たもつのパン

"아마쇼쿠. 그립구만."

시즌3 제6화. 네일숍 개업을 앞둔 고객과의 거래를 위해 이타바시를 방문한 고로는 약속 장소 옆에 옛 모습의 빵집을 발견하고 콩고물빵인 키나코빵을 구입하고 즐긴다. 콩고물빵은 개당 40엔이다. 고로는 아마쇼쿠빵(178엔)을 집고는 추억에 감탄사를 내뱉는다. 7시에 첫 손님으로 방문한 나는 콩고물빵은 10시는 넘어야 나온다는 할머니의 말씀을 듣고 고로가 추가로 즐긴 아마쇼쿠빵을 음미하는 것으로 만족했다. 아마쇼쿠빵은 한국에서 빵보다는 과자 같다. 밀가루에 설탕

과 달걀, 버터, 우유나 연유, 베이킹 파우더, 베이킹 소다, 물을 넣고 반 타원형으로 구운 것이다. 직원 분들이 모두 80에 가까운 할아버지 할머니로 구성되어 있는 점이 뭔가 흥미롭다.

**Info**

**주소** 東京都北区滝野川7-28-9 | **연락처** 03-3916-9910
**영업시간** 07:00~20:00 | **휴무** 목요일 · 일요일 · 축일
**위치** JR 사이쿄 선埼京線 이타바시 역板橋駅 동 출구東口 도보 5분
**구글맵검색** 타모츠의 빵 | **구글좌표** 35.743564, 139.722356

# 보라쵸

ボラーチョ BORRACHO

"이건 빵을 계속 먹게 하는 요리다."

시즌3 제7화. 코마바 공원에서 시간을 보내다 밤이 되어 배가 고파진 고로는 우연히 보게 된 간판에 이끌려 보라쵸로 들어간다. 맛슈루무가릭쿠빵(950엔), 굴이 들어간 카키그라탱, 가게 이름을 건 이 음식점의 오리지널 대표 메뉴 보라쵸 수프(1050엔)를 즐기는 고로. 맛슈루무가릭쿠빵은 탱글탱글한 버섯을 오일과 버터로 간이 된 국물에 마늘빵을 찍어 먹으면 꽤 고소하고 짭짤함을 느낄 수 있다. 보라쵸 수프는 음식 만화인 〈사랑이 없어도 먹고 살 수 있습니다〉라는 작품에서 주인공들

이 미팅으로 나간 보라쵸에서 먹었던 음식이다. 보라쵸 수프에는 양파, 토마토, 생크림, 바지락이 들어가 있다. 만화의 주인공들은 보라쵸의 새우그라탱도 즐겼다.

홈메이드소시지, 빅랍스터, 게크로켓, 명란젓스파게티도 보라쵸의 인기 메뉴다. 새벽 3시까지 영업을 해 부엉이족들에겐 안성맞춤이다. 보라쵸의 역사는 44년을 훌쩍 넘었다. 그만큼 손님들의 연령대도 폭넓다.

**Info**

**주소** 東京都目黒区大橋2-6-18 | **연락처** 03-3465-4452
**영업시간** 화~토요일 18:00~03:00 일요일 · 축일 18:00~01:00 | **휴무** 월요일
**위치** 게이오 전철京王電鉄 이노카시라 선井の頭線 신센 역神泉駅 남 출구南口 도보 9분, 게이오 전철京王電鉄 이노카시라 선井の頭線 고마바토다이마에 역駒場東大前駅 동 출구東口 도보 10분, 도큐 전철東急電鉄 도큐 덴엔토시 선東急田園都市線 이케지리오오하시 역池尻大橋駅 북 출구北口 도보 10분
**구글맵검색** 보라초 도쿄 | **구글좌표** 35.655277, 139.688936

# 토리츠바키

## 鳥椿 鶯谷朝顔通り店

"튀김 축제구만."

시즌3 제8화. 고로는 이벤트를 위한 장식품의 주문을 받고 뿌듯해 한다. 배가 고파진 고로는 파가 토핑되어 나오는 기름에 튀긴 유린칸(300엔), 양배추와 와사비소스가 함께 나오는 두께감(약 2.5cm)의 하무카츠(300엔), 아보카도 안에 닭고기를 다져 넣고 튀긴 민스커틀릿인 아보카도토리멘치(500엔), 간 무를 이용한 짭조름한 오로시폰즈(100엔), 미니 닭고기전골덮밥인 토리나베메시(450엔)를 즐긴다. 멘치는 mince의 일본식 발음이다. 민스커틀릿은 일본에서 멘치카츠라고 불린다. 내부 흡

연을 허용하는 가게라 호불호가 갈릴 듯하다. 고로가 먹은 메뉴를 따로 알려주는 안내문이 붙어 있다. 고로 옆에 앉은 남성들이 뜯어먹던 녀석인 미니 닭다리튀김인 '튤립 가라아게'를 꼭 맛보길 바란다.

**Info**

**주소** 東京都台東区根岸1-1-15 | **연락처** 03-5808-9188
**영업시간** 10:00~22:00(재료 소진 시까지)
**위치** JR 게이힌 도호쿠 선京浜東北線 야마노테 선山手線 우구이스다니 역鶯谷駅 남 출구南口 도보 4분
**구글맵검색** 토리츠바키 | **구글좌표** 35.720660, 139.780562

# DEN

## 喫茶デン

"이걸 어쩌라는 건가?"

시즌3 제8화. 우구이스다니 역에서 하차한 고로는 몸을 식히기 위해 카페에 들어간다. 고로는 주문한 550엔의 '커피 플로트(코히 후로토)'의 콘이 거꾸로 커피에 박혀 있는 모습이여서 어떻게 먹어야 하는지 잠시 고민한다. 코히후로토는 음료수 위에 소프트 아이스크림을 거꾸로 박은 모습을 하고 있어 먼저 아이스크림을 먹고 커피를 마시면 된다. 하지만 나는 아이스크림을 커피에 녹여 먹었다. 아무것도 아닌 커피와 아이스크림의 만남을 60대 주인 부부의 기발한 발상으로, 특별한 메뉴로 선보이는 점이 인상적이다. 맛은 아이스크림에 커피이니 기본이 보장된

다. 1972년 창업한 가게로 '그라팡'이라는 메뉴는 이 집이 원조라고 한다. 사실 고로는 테이블 너머 여성들이 주문한 그라팡이라는 것에 더 신기함을 느꼈다.

**Info**

**주소** 東京都台東区根岸3-3-18 | **연락처** 03-3875-3009
**영업시간** 09:00-18:30(L.O. 18:00) | **휴무** 목요일
**위치** JR 야마노테 선山手線 게이힌 도호쿠 선京浜東北線 우구이스다니 역鶯谷駅 남 출구南口 5분, 도쿄 메트로東京メトロ 히비야 선日比谷線 이리야 역入谷駅 도보 6분
**구글맵검색** 카페 덴 | **구글좌표** 35.722192, 139.781483

# 마치노 파라

まちのパーラー

"씹어도 씹어도 육즙이 나오는군."

시즌3 제9화. 개점 예정인 갤러리에서 진열할 상품이 배송 실수로 인해 도착하지 않아, 가능한 상품을 찾느라 갤러리에서 아침을 맞이한 고로는, 갓 구운 빵을 먹을 수 있는 마치노 파라로 들어간다. 마치노 파라는 거리의 휴게소라는 뜻이다. 고로는 780엔의 로스트포크샌드위치(빵은 칸파뉴), 얼음 동동 시원한 무알콜 탄산 생강음료인 집에서 만든 흑설탕 진저에일, 파리에서 자주 먹었다던 520엔의

호렌소토 리코타치즈노킷슈(quiche), 잘 구운 두께감 넘치는 소시지와 빵이 결합한 사루싯챠 세트(1200엔)를 맛본다. 킷슈에 들어간 리코타치즈는 콩비지의 질감과 식감을 선사했다. 개인적으로는 시금치가 빵과 치즈의 맛과 어울리지 못한다고 느낀 킷슈와 생강 맛이 강한 진저에일은 불호에 좀 더 많은 표가 몰릴 것 같지만, 로스트비프샌드위치와 사루싯챠 세트는 그럴 일이 없다. 로스트비프샌드위치는 10시부터 만든다고 하니 방문 시간에 주의하자.

**Info**

**주소** 東京都練馬区小竹町2-40-4 | **연락처** 03-6312-1333
**영업시간** 07:30~21:00(월요일은 18:00에 마감) | **휴무** 화요일
**위치** 도쿄 메트로東京メトロ 유라쿠초 선有楽町線 고타케무카이하라 역小竹向原駅 2번 출구 도보 5분
**구글맵검색** PMVG+C4 (도쿄) | **구글좌표** 35.743534, 139.675373

# 슈르프리즈
## シュルプリース

"말차 터널인가?"

시즌3 제9화. 고로가 녹색 톤네루롤トンネルロール 말차빵(590엔)을 먹었던 프랑스 과자점이다. 달콤하고 부드러운 맛이 일품인 톤네루빵에는 카시스가 포인트로 들어간다. 카시스는 블랙커런트 까막까치밥을 말한다. 터널은 속이 뚫렸는데 이 빵은 속이 꽉 차 있다. 속이 꽉 찬 빵에 터널빵이라는 이름이라니, 빵에게 사죄해야 할 것 같다. 톤네루빵은 1990년부터 슈르프리즈에서 만들어 판매해왔다.

**Info**

**주소** 東京都板橋区向原3-10-6 1F | **연락처** 03-3958-1120
**영업시간** 10:00~20:00 | **휴무** 월요일
**위치** 도쿄 메트로東京メトロ 유라쿠초 선有楽町線 고타케무카이하라 역小竹向原駅 3번 출구 도보 10초
**구글맵검색** 슈르프리즈 | **구글좌표** 35.742892, 139.681394

# 후쿠센
ふく扇

"시타마치의 간식인가? 예상대로의 맛이라 기쁘군."

시즌3 제10화. 아라카와유엔치마에 역에서 내린 고로는 철도자료관 관장에게 이벤트 모형을 의뢰받고는 길을 나선다. 그러다 커플이 맛나게 먹는 타코센에 시선을 빼앗기곤 그들의 발길을 역추적해 후쿠센이라는 가게를 찾아낸다. 주택가 좁은 골목의 코너에 위치해 있다. 새우가루와 감자전분이 들어간 센베 2장 사이에 타코야키와 가츠오부시를 곁들여 먹는 것이 타코센이다. 그냥 타코야키는 14개에 400엔, 마요네즈가 뿌려진 마요타코는 14개 430엔, 타코센은 한 개에 120엔이다. 나이가 지긋한 주인장은 오사카풍 타코야키의 맛을 내기 위해 항상 노력

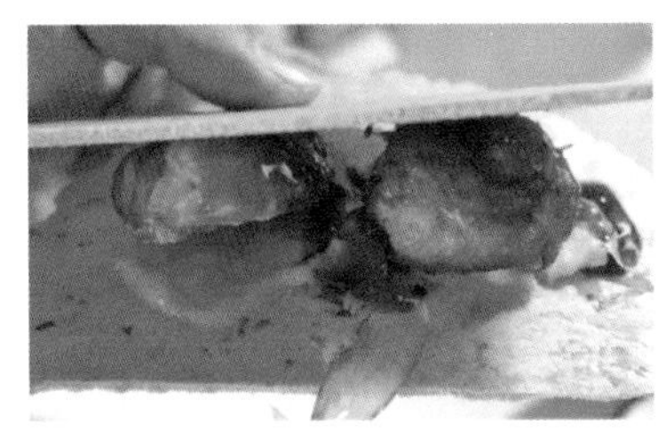

한다고 한다. 원재료도 오사카에서 공수한다고. 그런데 갑자기 가게 안에서 한국 트로트가 흘러나왔다. 주인아저씨가 한국 노래를 좋아하는가 하고 여쭤보니 갑자기 한국말로 "나 한국 사람이에요. 재일동포예요."라고 하셔서 깜짝 놀랐다. 원래 가게는 아내가 운영했는데 돌아가셔서 본인이 운영하게 되었다고 하셨다. 본인은 원래 봉제 일을 하셨다고. 건물 대출금 다 갚고 이제 좀 살만하니까 아내가 죽었다고 슬퍼하셨다. 아라카와 유원지가 몇 년간 공사에 들어가 최근 손님이 뚝 끊겼다고 한숨을 쉬셨다. 그리고 나를 가게 안으로 들어오게 하셔서 미싱기도 보여주시고 방도 보여주셨다. 비록 일본에서 태어나셨지만 넉살이 좋은 한국인이라는 것이 느껴졌다. 할아버지의 성함은 양인수. 가이드북에 가게 칭찬을 많이 해서 많은 한국 관광객이 오도록 해달라고 당부하셨다.

**Info**

**주소** 東京都荒川区西尾久6-29-7 | **연락처** 03-3810-7708
**영업시간** 평일 12:00~19:00 토요일 · 일요일 · 축일 11:00~19:00 | **휴무** 비정기적 휴무
**위치** 도덴都電 아라카와 선荒川線 아라카와유엔치마에 역荒川遊園地前駅 도보 3분
**구글맵검색** QQ25+H9 (도쿄) | **구글좌표** 35.751431, 139.758498

# 돈페이
どん平

"돈카츠와 무기토로! 무모해 보이는 콤비지만…."

시즌3 제10화. 타코센을 먹고 도덴 아라카와 선 노면 전차를 탄 고로. 참고로 고로가 탄 도덴 아라카와 선 노면 전차는 가나가와 현 에노시마의 에노덴과 더불어 도쿄 수도권과 인근 지역 내에서 굉장히 유명한 노면 전차다. 도덴 아라카와 선은 도쿄 북부를 관통하는데 노면 전차가 만들어내는 풍광이 대단하다.

고로는 미야노마에 역에서 하차해 점심을 먹기 위해 돈카츠 집에 들어가게 되는데, 가게 안에는 전골을 먹는 가족이 있었다. 가게 주인에게 가게의 명물이라 듣게된 고로는 샤브샤브와 모둠전골 코스메뉴인 화염의 술 전골 세트인 사카나

베를 주문하게 된다. 예약에 한해 불 쇼를 볼 수 있다. 고로는 돼지고기 샤브샤브, 어패류가 듬뿍 들어간 모둠전골인 요세나베, 돈카츠 무기토로 미니 세트 테이쇼쿠(890엔)까지 주문한다. 돈카츠 고기는 삼겹살 부위를 6시간 삶아서 냉장고에 숙성시킨 뒤 사용하는 점이 특이점이다. 불 술 전골 세트 육수에 술이 들어가지만 불을 붙여서 알코올을 태운다. 무기토로메시는 끈적하고 걸쭉해서 평생 느껴본 적이 없는 식감이다. 밥이랑 먹으면 맛이 어떨까? 돈카츠는 기본적으로 데미그라스소스가 뿌려져 있다. 주인의 추천대로 돈카츠소스까지 끼얹어 먹어보자.

**Info**

**주소** 東京都荒川区西尾久2-2-5 | **연락처** 03-3893-8982
**영업시간** 11:00~13:30, 17:30~21:00(재료 소진 시까지) | **휴무** 일요일 · 축일
**위치** 도덴都電 아라카와 선荒川線 미야노마에 역宮ノ前駅 1번 출구 도보 3분
**구글맵검색** 돈페이 | **구글좌표** 35.748994, 139.765227

# 다루마야
だるまや

"나의 승부 메뉴다."

시즌3 제12화. 중화요리 집에서 '밥'이 없다는 말을 듣고 실망한 고로는 밥을 먹기 위해 다음 가게를 찾는다. 그때 정어리요리 전문점 다루마야의 간판이 눈에 들어온다. 고로는 오이와 김, 달걀 등이 들어간 정어리육회인 이와시육케(880엔), 정어리츠미레국(450엔), 따끈따끈한 정어리치즈롤(700엔), 정어리에 양념을 발라 꼬치에 꿰어 가스 불에 구워주는 이와시카바야키(700엔), 정어리주먹밥인 니기리즈시를 즐긴다. 정어리주먹초밥이 아닌 정어리주먹밥으로 부른 이유는 초밥이 아닌 맨밥에 정어리회를 올린 뒤 식초를 넣은 간장을 찍어 먹는 형태이기 때문이다.

메인 식재는 정어리 하나뿐인데도 정말 다양한 요리가 있다. 정어리치즈롤은 뜨거우니 조심하자. 기본 반찬 오토시로 찬 두부에 정어리 젓갈 비슷한 녀석이 얹혀 나왔다. 60대 부부가 운영하는 가게로 좌석은 카운터석 일곱 자리가 전부로 매우 비좁다.

거래를 마친 고로의 눈에 들어온 가게 로라이테이朧雷亭에서 그는 송화단이라 불리는 오리알인 피탄과 새우 마요네즈 무침을 즐겼다. 하지만 밥은 없어 약간 실망한다. 고로는 밥과 함께 음식들을 먹고 싶어 했다. 그래서 다른 가게를 또 찾게 되고 다루마야로 발길을 돌린 것이었다. 로라이테이도 다루마야에서 멀지 않으니 발길을 넓혀보는 것도 좋다.

**Info**

**주소** 東京都品川区南品川6-11-28 | **연락처** 03-3450-8858
**영업시간** 17:00~23:00(L.O. 22:30) | **휴무** 일요일 · 축일
**위치** JR 게이힌 도호쿠 선京浜東北線 오이마치 역大井町駅 동 출구東口 도보 3분
**구글맵검색** 다루마야 도쿄 | **구글좌표** 35.609464, 139.735690

# 미유키
## みゆき食堂

"이걸로 흰밥 백 공기는 먹을 수 있지 않을까?"

시즌4 제1화. 안경집의 의뢰로 기요세 시에 온 고로는 일을 끝내고 상점가의 한 식당에 들어가 숙주나물과 고기를 맵게 볶은 모야시토피리카라이타메もやしピリ辛炒め, 된장양념 마늘 미소닌니쿠みそニンニク, 주인아주머니가 만드는 수제 만두 잔보교자, 옆 가게에서 배달받아 판다는 야키토리를 음미한다. 실제로 야키토리 메뉴를 주문하면 옆집 사가야佐賀屋의 야키토리를 받아 내어준다. 사가야는 테이크아웃만 하는 야키토리 집이다. 재미난 점은 두 집이 빨간 캐노피 하나를 나눠 쓰고 있다는 점이다.

우리는 가게 벽면에 정신이 없을 정도로 많이 붙어 있는 노란 메뉴 종이에 신경을 쓸 필요가 전혀 없다. 고로가 먹은 음식을 그대로 즐기고 싶다면 우리는 900엔의 고로상 세트(숙주볶음, 된장양념마늘, 만두 하프사이즈, 밥)를 달라고 하면 된다. 테이블에 합석해 앉는데 의자가 학교 졸업식 때나 쓰일 법한 불편한 철제 의자다. 가게의 모습도, 중년 손님들의 모습도 대단히 서민적이다. 확실히 젊은 사람들이나 관광객들이 좋아할 가게의 분위기는 아니지만 일본적인 식당이다. 못하는 음식이 없고 없으면 옆 가게에서 공수까지 해오는 이 집의 인기 메뉴는 오믈렛이다.

**Info**

**주소** 東京都清瀬市松山1-9-18 | **연락처** 042-491-4006
**영업시간** 11:45~23:00(L.O. 22:30) | **휴무** 일요일 · 월요일 · 목요일 · 축일
**위치** 세이부 철도西武鉄道 세이부이케부쿠로 선西武池袋線 기요세 역清瀬駅 남 출구南口 도보 1분
**구글맵검색** 미유키 식당 | **구글좌표** 35.771245, 139.519363

# 이로리야
## いろり家

"다음에 온다면 전복덮밥으로 할까나."

시즌4 제3화. 산길과 골목길을 헤매다 고로가 발견한 이로리야. 소고기 스테이크덮밥인 스테키동ステーキ丼(1650엔)과 바다의 왕 전복덮밥인 아와비동アワビ丼(2000엔) 두 가지 중에 선택해 달라는 점원의 말에 고민에 빠진 고로는 끝내 육지의 왕인 스테이크덮밥을 주문한다. 주문할 때 밥 양이 많은 사람이라면 밥 양을 늘려주는 오오모리로 주문하면 된다. 보통 사이즈와 불과 50엔 차이이기 때문이다.

점내는 일반 주택을 개조해서 쓰는 것이 아닌가 하는 생각이 들 정도로 매우

좁고 테이블도 별로 없다. 대기 손님이 많을 시 무작정 기다리지 말고 현관 앞의 대기명단 종이에 이름을 기재해야 한다. 스테이크덮밥에는 일본식 된장국인 미소시루와 단무지 그리고 달걀반숙이 나온다. 그릇 한편에 와사비가 있어 스테이크 한 점에 적당량 올려 먹으면 최고의 조합이 된다. 오로시폰즈에 찍어 먹어도 좋다. 스테이크덮밥은 저녁 시간에 먹게 되면 200엔 정도 가격이 오른다. 만약 고로처럼 가게를 나서서까지 전복덮밥에 대한 미련을 버리지 못할 것 같다면, 두 명이 방문해 두 가지를 주문해서 나눠먹는 융통성을 발휘하자. 음침한 산길을 올라야하기 때문에 되도록 날이 밝은 런치가 좋다.

**Info**

**주소** 神奈川県足柄下郡箱根町宮ノ下296 | **연락처** 0460-82-3831
**영업시간** 11:30~13:30, 18:00~22:30 | **휴무** 목요일 | **홈페이지** www.hakone-iroriya.com
**위치** 하코네 등산 철도 箱根登山鉄道 미야노시타 역 宮ノ下駅 도보 8분
**구글맵검색** 이로리야 | **구글좌표** 35.243096, 139.057860

# 나라야 카페

## naraya cafe

"족욕탕에서 마시는 커피라니, 하코네구나."

시즌4 제3화에서 이로리야에 가기 전, 고로는 나라야 카페의 특이함에 이끌린다. 고객이 운영하는 카페라 전시 관련 협의로 온 터였다. 실제로도 카페의 2층은 갤러리로 꾸며져 있다. 하코네의 이런저런 풍경을 담은 사진이 걸려 있다. 갤러리임에도 앉아서 쉴 수 있는 테이블이 있기 때문에 커피와 함께 편하게 쉬면 된다. 책을 읽을 수 있는 공간도 있는데 그 책마저 사진과 관련된 것들이 상당수여서 사진에 관심이 많은 주인장임을 짐작할 수 있다. 비록 미지근하지만 족욕탕에서 아이스커피를 마실 수 있는 카페가 전 세계에 몇 군데 있을까? 화산 활동으로 인한 온천으로 유명한 하코네다운 발상이 아닐 수 없다. 나라야 카페는 미야노

시타 역 출구 바로 앞에 위치해 있다. 고로는 나라야 카페의 표주박 모양을 한 디저트 '나라양(250엔)'에도 시선을 빼앗긴다. 고로는 자색 고구마 앙금, 팥소 등 네 종류의 내용물 중 검은깨소를 선택한다. 재미난 사실은, 귀여운 표주박 모양 과자 나라양 틀에 손님 스스로 소를 넣어 먹어야 한다는 것이다. 표정이 있는 나라양은 나라야 카페의 심벌 캐릭터로써 커피가 담긴 종이컵에도 프린팅 되어 있다. 카페인 만큼 피자, 핫도그도 취급한다. 공방에서는 카페 인근에 사는 작가들이 만든 키홀더, 장난감, 스트랩을 비롯한 공예 작품과 오리지널 카페의 머그컵과 타월 등을 전시 및 판매하고 있다. 현대적인 카페의 모습을 한 나라야 카페이지만 역사는 무려 300년이나 되었다. 본래 여관으로 사용되던 건물이었는데 하코네에 대형 리조트들이 들어서며 2001년 여관으로서의 삶을 다했다가 프로젝트에 의해 카페로 부활한 것이다.

**Info**

**주소** 神奈川県足柄下郡箱根町宮ノ下404-13 | **연락처** 0460-82-1259
**영업시간** 10:30~18:00(12~2월 10:30~17:00) | **휴무** 수요일 · 넷째 주 목요일
**홈페이지** naraya-cafe.com | **위치** 하코네 등산 철도 箱根登山鉄道 미야노시타 역 宮ノ下駅 도보 10초
**구글맵검색** NARAYA CAFE | **구글좌표** 35.242298, 139.062958

# 카마루푸루
カマルプール

“확실히 민트보다 카레가 이기고 있어. 카레는 역시 마성의 여자다.”

시즌4 제6화. 싱글맘 이벤트 선물 의뢰로 기바로 간 고로는 어떤 선물이 좋을지 고민하던 중, 참을 수 없는 카레 냄새를 맡고 2011년 문을 연 카마루푸루로 들어간다. 카마루푸루는 교바시에 있는 유명 남인도 요리점인 ‘다바인디아’라는 가게에서 우연히 인도요리를 배우게 된 플로어 매니저 키타무라 씨가 인도인 요리사 두 명과 함께 독립해 차린 가게다. 주인은 보통 서빙을 하고 요리는 인도인들이 주로 도맡는다.

고로가 이곳에서 선택한 메뉴는 요구르트와 망고를 섞은 망고랏시マンゴーラッシー(500엔) 음료, 굴을 국물이 있게 볶은 요리인 부나오이스타ブナオイスター(1000엔), 화덕에 붙여 만드는 인도식 마늘치즈피자 느낌의 치즈쿠루챠チーズクルチャ(650

엔), 향신료에 버무려진 토마토와 버섯과 양파 등이 들어간 채소구이인 탄도리 베지タンドーリベジ(700엔), 양고기 민트카레인 라무민토카레ラムミントカレー(1380엔)이다. 라무민트카레의 경우 고로처럼 냄비에 카레가 나오는 것이 아닌 커다란 접시에 카레가 나왔다. 밥은 바스마티라이스バスマティライス로, 우리나라 쌀과 비교해 찰기가 전혀 없고 가느다랗고 길다. 우리나라 어르신들이 가장 싫어하는 입에서 다 흩어지는 따로 노는 밥의 형태다. 그래서 오히려 카레와 어울렸다. 이러한 바스마티라이스는 쌀 품종의 하나로서 인도 북부 갠지스 강 유역의 침적토에서 주로 생산한다고 한다. 런치는 매운맛의 정도를 달리한 카레 3종 위주로 주문 받고 예약은 받지 않는다. 저녁에는 여러 메뉴를 주문할 수 있고 예약도 받는다.

**Info**

**주소** 東京都江東区東陽3-20-9 | **연락처** 03-5633-5966
**영업시간** 11:30~14:30, 17:00~23:00 | **휴무** 연중무휴
**위치** 도쿄 메트로東京メトロ 도자이 선東西線 기바 역木場駅 2번 출구 도보 5분, 도쿄 메트로東京メトロ 도자이 선東西線 도요초 역東陽町駅 2번 출구 도보 6분
**구글맵검색** Kamarupuru | **구글좌표** 35.668892, 139.810855

# 마메조
## まめぞ

"생햄을 중심으로 이탈리아의 길로 나아가 보자."

시즌4 제7화. 신사에서의 거래 건을 마치고 반찬 거리인 오카즈 요코쵸おかず横丁에서 반찬을 사며 내일 먹을 것을 상상하다가 배가 고파진 고로는 반찬 가게 앞 가게로 들어간다. 고로가 고심 끝에 음미한 메뉴는 멘타이크림파스타明太クリームパスタ(850엔), 피망, 당근, 파, 양배추 그리고 치즈가 버무려진 센짱샐러드(400엔), 두께감이 느껴지는 바삭한 돈카츠 샌드위치인 카츠산도カツサンド(900엔). 멘타이크림파스타는 포크 말고 젓가락을 사용해 먹자는 고로의 말을 따르자. 주인이 고양이를 좋아해 벽에 온통 고양이 사진들로 도배가 되어 있다. '작은 선술집'이라는 이념 또는 가치관을 가진 점포다. 고로는 이 가게를 카오스의 가게라고도 했다.

마메조는 오픈 직후임에도 불구하고 이미 예약으로 꽉 차 있었다. 카츠산도는 저녁 시간에만 주문 받는다. 런치는 새우, 전갱이, 돼지 안심살, 닭고기를 이용한 튀김 정식이 많은데 반찬은 단무지 절임 몇 조각이 전부라 다소 느끼할 수 있다.

**Info**

**주소** 東京都台東区鳥越1-1-5 | **연락처** 03-5829-9877
**영업시간** 11:30~13:30, 점심 식사는 평일만 운영
(11:30에 문을 열어 45명분의 주문만 받고 마감), 18:00~22:00(L.O. 21:15)
**휴무** 일요일 · 축일 | **홈페이지** mamez.jp
**위치** 도에이 지하철都営地下鉄 오에도 선大江戸線 신오카치마치 역新御徒町駅 A3 출구 도보 7분, 도에이 지하철都営地下鉄 아사쿠사 선浅草線 쿠라마에 역蔵前駅 A3 출구 도보 7분, JR 소부 선総武線 아사쿠사바시 역浅草橋駅 도보 7분
**구글맵검색** 이자카야 마메조 | **구글좌표** 35.702296, 139.783759

# 요호즈 카페 라나이
ヨーホーズカフェラナイ

"달구나. 하지만 나쁘지 않아. 맛있어."

시즌4 제8화. 아사가야에서 고객에게 상품을 설명하던 고로는 배가 고파져 대충 설명을 끝내고 식당을 찾아 나선다. 고로가 찾은 식당은 카페 라나이. 하와이 가정식을 먹을 수 있는 카페다. 가게 간판이 제대로 없어 여기가 맞나 싶었다. 달달하고 조금 짠 모치코치킨마카로니モチコチキン, 소꼬리로 만든 옥스테일수프라이스オックステールスープ를 즐기는 고로. 소꼬리수프라고 하기엔 소꼬리 덩어리가 크다. 소꼬리곰탕에 비유하는 게 좋지만 국물이 훨씬 맑다. 생강에 간장을 쳐서 소꼬리 살과 함께 먹으라고 여주인장이 서빙을 하며 알려준다. 고로처럼 밥 한 덩이를 뚝딱 말아먹자. 어떻게 하와이 음식을 시작하게 되었냐고 여쭈니 주인아

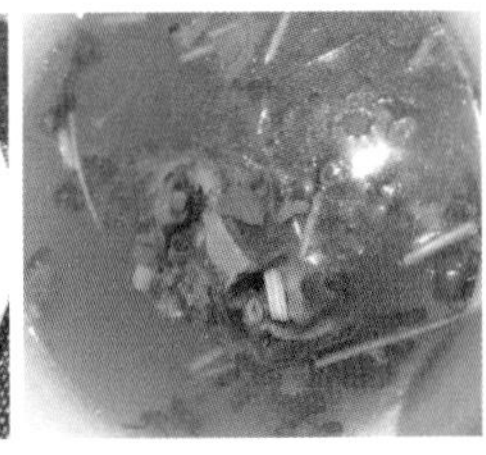

저씨께서는 일로 인해 하와이에 2년간 사시면서 인연이 시작되었다고 답하셨다. 더불어 한국 호텔에서도 한 달간 일을 봐주신 적이 있다고 하셨다. 주인장으로 요리를 담당하는 호리카와 아저씨보다 서빙하는 사모님 히토미 씨가 많이 어려보이시는 것 같아 사모님께 혹시 따님이냐고 여쭈니 그런 말을 한다고 해서 디스카운트는 안 해준다는 말이 돌아와 주인아저씨와 함께 빵하고 웃음이 터졌다. 고로처럼 하와이에선 아침식사 대용으로 많이 먹는다는 아사이보우루 과일디저트(500엔)도 음미하자.

**Info**

**주소** 東京都杉並区阿佐谷南2-20-4 | **연락처** 03-6383-1298
**영업시간** 화~금요일 11:30~15:00, 17:30~23:00 토요일 · 일요일 · 축일 13:00~15:00, 17:30~23:00
**휴무** 월요일 | **위치** JR 주오 선中央線 소부 선総武線 아사가야 역阿佐ケ谷駅 남 출구南口 도보 3분
**구글맵검색** YO-HO's cafe Lanai | **구글좌표** 35.704858, 139.639194

# 야나기야

やなぎや

"유일한 전리품은 이것이군. 10엔? 그립구만."

시즌4 제8화. 고로는 아사가야 역 주변을 걷다가 꼬마가 코인 오락을 하는 것을 보고 추억에 젖는다. 고로는 이내 어린아이처럼 캐치볼이라는 오락에 빠져든다. 야나기야에서 말이다. 1929년 빵집으로 시작해 1968년부터 식료품점 겸 슈퍼 겸 막과자점으로 변모했다는 야니기야. 박스 안에서 하나씩 꺼내먹는 콩고물 묻어 있는 10엔 막대과자를 사먹는 고로. 80세가 넘은 듯한 할머니 2대 주인 키미에 씨가 반갑게 맞아준다. 아니 그 이전에 3대째 이 가게를 운영 중인 아들 아키

라 씨가 밖에서 가게를 구경하고 있는 나에게 손짓을 하며 안으로 들어와 마음껏 보고 사진도 찍으라며 손짓했다.

드라마에서는 밖에 나와 있던 오락 기계가 왜 영업을 시작하고도 안에 들어가 있느냐 여쭈니 드라마가 방영되고 오락 기계를 밖에 놓아두는 모습을 본 시청자들이 경찰서에 민폐라고 신고하는 바람에 안에 들여놓게 되었다는 말씀을 하셔서 안타까웠다. 드라마 방송 때문에 도리어 영업을 제대로 못하게 되셨다고 하니 말이다. 하지만 오락 기계를 밖에 내놓았을 경우에, 인도가 좁기 때문에 아이들이 다칠 수 있다는 생각도 들긴 했다. 오락기에는 카레이스와 캐치볼이라는 게임기가 있는데 10엔을 넣으면 공이 나오고 게임을 해서 나오는 금화로 다시 게임을 하거나 막대과자로 바꿔먹으면 된다. 할머니는 구매한 과자를 계산하면서 주판을 사용하신다. 옛날 추억의 과자들을 만나고 친절한 주인 두 분을 만날 수 있어 더 반가운 가게였다. 이 두 분은 과자를 판매했지만 마치 좋은 추억을 산 기분이 들었다.

**Info**

**주소** 東京都杉並区阿佐谷北4-25-12 | **연락처** 03-3337-2512 | **영업시간** 09:00~18:00
**위치** JR 주오 선中央線, 소부 선総武線 아사가야 역阿佐ケ谷駅 북 출구北口 도보 15분
**구글맵검색** Yanagiya Shokuryohinten | **구글좌표** 35.713803, 139.635456

# 샹웨이
シャンウェイ

"식감도 좋지만 맛이 좋다. 닭 뼈가 매우 좋다."

시즌4 제9화. 거리를 걷다 야구장을 지나게 된 고로는 옛날에 조카를 응원하러 야구장에 갔던 때를 떠올리다 배가 고파져 따끈한 음식을 먹을 수 있는 식당을 찾다가 중화철판이라는 콘셉트의 샹웨이로 오게 된다.

고로가 즐긴 것은 10시간 동안 쪄서 뼈까지 먹을 수 있는 상하이식 간장 허벅지살 찜닭인 무시도리蒸し鶏, 론진차 새우볶음, 맵지만 맛있는 돼지갈비 고추볶음(음식의 별칭은 마오쩌뚱 스페아리브 돼지갈비), 중국의 타마리 간장을 사용해 색이 검은 볶음밥인 쿠로차항黒炒飯이었다. 저녁은 매우 바빠 예약이 필수기 때문에 점심을 공략하는 편이 훨씬 이득이다. 다만 런치 타임에는 간장 찜닭인 무시도리만 주문 가능

하다. 런치 타임에는 생야채샐러드, 포테이토 샐러드, 매운파스타 등 10여 가지 반찬과 토마토, 귤을 추가 금액 없이 무제한으로 먹을 수 있었다. 밥과 국도 무제한으로 리필 된다. 무시도리의 살은 아주 부드럽고 뼈조차 다 씹어 먹을 수 있을 정도였다.

샹웨이는 25년 전 현재의 오너 셰프인 사사키 씨가 중국 상하이의 거리에서 중국식 전골 대신 철판 요리하는 요리사를 보고 감동하면서 창업하게 된 가게다. 당시 사사키 씨는 철판 위에서 식재료가 춤을 추고 향을 내뿜는 것을 맛깔스럽게 바라보던 손님들의 얼굴을 잊을 수 없었다고 한다. 그래서 상하이의 반점에서 요리 수업을 받으며 일하다가 결국 도쿄에 중화요리점을 세운 것이다.

**Info**

**주소** 東京都渋谷区神宮前3−7−5 大鉄ビル2F | **연락처** 03−3475−3425
**영업시간** 11:30~14:00, 18:00~23:00 | **휴무** 월요일 | **홈페이지** shanway.jp
**위치** 도쿄 메트로東京メトロ 긴자 선銀座線 가이엔마에 역外苑前駅 3번 출구 도보 5분
**구글맵검색** Teppan Chinese Shan Wei | **구글좌표** 35.671017, 139.713114

# 티티
テイテイ

"입안이 호치민이다. 빨리 나가지 말고 베트남의 시간에 빠져들자."

시즌4 제11화. 거래처 고객이 급한 일로 늦어서 사무실에서 기다리게 된 고로. 그런데 한 여직원이 나타나 고로가 준비한 상품 목록을 보더니 퇴짜를 놓고 잔소리까지 해댄다. 알고 보니 이 여직원은 고작 지난주에 들어온 파트타임 직원이었다. 생각할수록 화가 치밀어 오르지만 배고픔을 느낀 고로는 식당을 찾아 나선다. 그곳이 바로 티티다.

베트남 요리 전문점에서 고로는 열대에서 자란 타마란도를 이용한 시큼한 배 맛이 나는 타마란도주스, 새우생춘권인 에비노나마하루마키, 춘권튀김인 아게하루마키, 고기떡, 닭고기덮밥이라 할 수 있는 토리오코와鳥おこわ, 국수 느낌의 레

몬그라스비훈lemongrass Bee Hoon(레몬그라스는 신맛이 나는 레몬 향을 지닌 동남아시아에 나는 허브로, 뿌리 쪽 하얀 부분을 국물 요리에 사용한다)을 즐긴다. 고로는 연유와 섞어 먹는 베트남 커피도 잊지 않았다. 모든 직원이 다 베트남 사람들이고 손님의 절반 이상도 베트남 사람들이다. 나의 선택은 레몬그라스비훈(918엔)이었다. 정체 모를 기묘한 향이 풍겼다. 태어나서 처음 맡아본 냄새라 어떻게 설명할 방법이 없는 향이 풍겼다. 아마도 이 기묘한 향의 주인공은 레몬그라스라는 녀석 때문이 아닌가 추정하고 있다. 우동과 국수 사이의 면발 굵기를 가진 녀석을 꺼내 먹었다. 면발은 오동통 먹음직하다.

**Info**

**주소** 東京都大田区蒲田5-26-6 B1 | **연락처** 03-3731-1549
**영업시간** 화~금요일 17:00~23:00 토요일 · 일요일 · 축일 12:00~22:00 | **휴무** 월요일
**위치** JR 게이힌 도호쿠 선京浜東北線 가마타 역蒲田駅 동 출구東口 4분
**구글맵검색** 티티(베트남음식점) | **구글좌표** 35.562475, 139.720206

# 사이키
さいき

"술꾼이 기뻐할 라인업이군. 밥반찬도 확실히 있어."

시즌4 제12화. 에비스 신사에서 라이터를 주워 준 안면을 기억했다가 우연히 다시 만난 술집 아저씨와 고로. 주인아저씨는 강제로 고로를 손님으로 불러들인다. 담배 냄새가 진한 선술집에서 고로의 선택은 생선살과 새우 그리고 여러 가지를 동그랗게 만들어 튀겨 겉은 바삭하고 속은 부드러운 에비신조海老しんじょう(900엔)와 일본 술을 슬러시 형태로 만든 동결주凍結酒(600엔), 전갱이를 튀긴 아지후라이アジフライ, 멸치와 밥과 간장으로 맛을 낸 주먹밥구이 야키오니기리焼きおにぎ

り다. 오토시는 세 종류가 나오는데 메뉴는 닭고기채소조림, 가다랑어회, 토마토 두부 등으로 매일 바뀐다. 고로는 오토시만 세 종류나 나오는 것에 약간 부담감을 느낀다. 오토시는 세 종류 전부해서 1300엔으로 비교적 고가이기 때문이다. 1948년 문을 연 가게로 쇼와시대의 분위기를 풍기는데 일하는 여성은 모두 중국인 유학생들이었다. 여러 명이 방문하는 것이라면 삐거덕거리는 목조 계단을 오르면 만날 수 있는 다다미방으로, 분위기가 좋다는 골목길이 보이는 2층 창가 자리를 노려보자.

**Info**

**주소** 東京都渋谷区恵比寿西1-7-12 | **연락처** 03-3461-3367
**영업시간** 17:00~00:00 | **휴무** 토요일 · 일요일 · 축일
**위치** 도쿄 메트로東京メトロ 히비야 선日比谷線 에비스 역恵比寿駅 도보1분, JR 야마노테 선山手線 에비스 역恵比寿駅 서 출구西口 도보 2분
**구글맵검색** Saiki tokyo | **구글좌표** 35.647914, 139.708429

# 쥬엔
## 寿苑

"행복하구나. 이거 위험하구만. 마늘 펀치 작렬!"

시즌5 제1화. 혼수품 의뢰로 이나다즈쓰미 역에 와서 일을 마치자 이내 배가 고파져 자칭 행복한 짐승이 된 고로는 숯불 구이라고 쓰인 간판을 발견하게 된다. 고로는 쥬엔에서 소 혀 소금구이인 950엔의 탄시오タン塩, 아오모리산 마늘과 파로 양념한 안창살인 700엔의 가릭쿠하라미ガーリックハラミ, 1매에 750엔인 된장양념삼겹살サムギョプサル, 950엔의 갈비, 400엔의 창란젓을 주문해 즐긴다. 삼겹살이야 한국에서 많이 먹을 수 있지만 미소로 양념을 한 양념삼겹살은 먹어 본 적이 없으니 한번 도전해보자. 이 집에서 가장 인기가 많은 고기는 단연 가릭쿠하

라미다.

가게 주인은 재일 동포 김기자 할머님이다. 그래서 가게의 벽보에는 김치의 효능 같은 것을 써 붙였고 이따금 한글을 중간중간에서 볼 수 있다. 물론 진로의 참이슬 소주도 준비되어 있다. 일본에서 만나는 이슬의 촉촉함이라니. 평일에는 먼저 전화한 세 팀만 예약을 받고 토요일과 일요일은 예약을 받지 않고 선착순으로 손님을 받는다. 회전율을 높이기 위해 한 팀당 90분이라는 식사 시간의 제한이 있지만 단골손님을 위해 포인트 카드를 발급해주는 따뜻한 가게다.

**Info**

**주소** 神奈川県川崎市多摩区菅1-3-11 | **연락처** 044-945-2932
**영업시간** 월요일 17:00~22:00(L.O. 21:15) 수~금요일 17:00~23:00(L.O. 22:15) 토요일 16:00~23:00(L.O. 22:15) 일요일 16:00~22:00(L.O. 21:15) | **휴무** 화요일
**위치** 게이오 전철京王電鉄 사가미하라 선相模原線 이나다즈쓰미 역稲田堤駅 5~6분, JR 난부 선南武線 이나다즈쓰미 역稲田堤駅 도보 3분
**구글맵검색** JGMP+33 (도쿄) | **구글좌표** 35.632644, 139.535208

# 에도 미야게야 타카하시

## 江戸みやげ屋たかはし

"복 달마? 뭔가 딱 오는구나."

시즌5 제2화에서 더운 어느 날, 손수건을 잃어버리고 챙기지 않은 고로가 복을 부른다는 달마 손수건(480엔)을 구매한 가게이다. 고로가 노렸던 후카가와 메시 바지락밥 등의 식품을 비롯해서 옛날 에도의 완구, 야한 그림의 컵, 일본 음식점에서 탐낼 에도 시절 인형 등 다양한 선물을 판매하고 있다. 손수건의 종류만 수

십 종이 넘는다. 매우 저렴한 10엔부터 시작하는 옛날 막과자도 많이 구비해 놓았다. 아이들이 방문해 적은 방명록만 수십 권을 보물처럼 가지고 있는 70대 노부부가 운영하는 가게로, 주인아저씨가 이따금 접시돌리기를 하고 있거나 대머리 가발을 쓰고 기예를 펼치는 모습을 볼 수 있다. 꼬마 때 방문해 어른이 되어 다시 방문해 어렸을 적 이야기를 본인에게 해줄 때 매우 기쁘다고 하셨다.

**Info**

**주소** 東京都江東区三好1-8-6 | **연락처** 03-3641-6305
**영업시간** 10:00~18:00 | **휴무** 비정기적인 휴무 | **홈페이지** edomiyageya.strikingly.com
**위치** 도에이 지하철都営地下鉄 오에도 선大江戸線 기요스미시라카와 역清澄白河駅 A3 출구 도보 1분
**구글맵검색** 코토미야게야 타카하시 | **구글좌표** 35.680625, 139.799302

# 다루마
だるま

"이건 뽀빠이 밥! 와라 부르투스!"

시즌5 제2화. 전시품 의뢰로 기요스미 시라카와를 찾아 일을 끝낸 뒤 배가 고파진 고로는 '다루마'라고 쓰인 술집을 발견한다. 잃어버린 것을 대신해 구매한 손수건의 캐릭터가 달마였는데 우연하게도 이 가게의 입구에도 달마가 떡 하니 그려져 있던 것이다. 고로는 망설이다가 달마에게 오늘의 운을 맡기기로 한다. 참고로 일본 발음으로 다루마인 달마는 중국 선종의 시조다. 당시 달마가 소림사에서 벽을 향해 좌선하며 9년간 깨달음을 얻었다는 고사가 있어서 달마의 모습을 모방한 인형이나 기념품을 만들기도 한다. 이 달마 인형은 붉은색에 손발이 없으며 바닥을 무겁게 해서 쓰러뜨려도 다시 일어나도록 되어 있는 오뚝이로 만들어졌다. 그래서 상점들의 이름이 되고 캐릭터로 애용되며 수험생들의 부적으로도 인기가 좋다. 우리나라에서 달마도가 인기가 좋은 것과 같은 맥락이다. 마츠다 나오히로 씨와 리츠코 씨 노부부는 '인생에서 넘어져도 다시 일어난다.'라는 마음으

로 점포명을 명명했다. 슈퍼로 시작해, 창업한 뒤 현재까지 운영하고 있다.

고로는 달걀, 베이컨, 시금치가 들어간 뽀빠이베이컨을 시작으로 꽁치 훈제회인 산마쿤세이사시さんま燻製刺し와 고기와 야채를 끓인 니코미煮込み 그리고 치즈가 듬뿍 올라가 녹아있는 어니언롤빵オニオンロールパン(250엔)을 음미한다. 그러면서 다른 손님이 시킨 새우그라탱에도 눈길을 빼앗긴다. 고로가 먹은 어니언롤빵에는 썰린 오이가 나오는데 빵에 오이의 조합은 어떨까 궁금해졌다. 하지만 꽁치 훈제회는 뭔가 망설여져서 쉽게 주문하기 힘들었다. 가게에는 사람이 정말 가득하다. 더불어 티브이를 틀어놓고 있다가 갑자기 노래가 나오면 노래를 여러 손님들이 흥얼거리는 정도로 자유분방한 분위기의 가게다. 손님들이 뿜어내는 담배 연기도 자욱하다.

**Info**

**주소** 東京都江東区三好2-17-9 | **연락처** 03-3643-2330
**영업시간** 17:00~23:30 | **휴무** 토요일
**위치** 도쿄 메트로東京メトロ 한조몬 선半蔵門線 기요스미시라카와 역清澄白河駅 B2 출구 도보 3분
**구글맵검색** MRJ3+C9 (도쿄) | **구글좌표** 35.681090, 139.803498

# 타무타무

タムタム

"건강에 좋으면서 식욕을 돋우는 요리! 좋지 아니한가?"

시즌5 제3화. 신혼집에 깔 카펫을 골라 달라는 학창 시절 선배의 부탁으로 카펫 가게까지 가게 된 고로는 일을 마치고 배가 고파진다. 그러다 빨간 모로코 국기를 거는 여주인의 모습에 이끌려 타무타무 앞까지 와, 인테리어 소품과 간판에 시선을 멈춘다. 그도 그럴 것이 입구의 모습과 점내의 거울 등이 이슬람의 모스크를 연상시키기 때문이다. 모로코는 인구의 98%가 이슬람을 믿는 이슬람 국가다.

고로의 선택은 민트티ミントティー를 시작으로 닭고기 육수에 콩과 토마토 감자 전분 등이 들어간 걸쭉한 하리라수프ハリラスープ(하프사이즈, 450엔), 손으로 먹으

면 맛있다는 모로코식 춘권인 바삭한 브릭쿠ブリック(700엔, 안에 거의 익지 않은 달걀이 들어가 있다), 빨간 소스에 풍덩 빠져 나오는 양고기 햄버그인 라무니쿠노함바그ラム肉のハンバーグ(980엔), 야채쿠스쿠스野菜のクスクス(1400엔), 주인아주머니가 직접 만든 빵과 후무스소스(200엔)다. 후무스소스フムス는 불린 콩을 삶아 소금, 레몬, 올리브유 등을 조합해 만든 녀석이다. 알려지지 않은 모로코 음식의 세계가 타무타무에서 펼쳐진다. 모로코의 해안도시 카사블랑카를 따 이름을 지은 카사블랑카 맥주를 음미하는 것도 추천한다. 4인석 2개와 2인석 2개가 전부인 좁은 가게라 늘 예약으로 일찍 자리가 가득 차는 점을 주의하자. 드라마에 직접 등장한 서빙 직원이 타무타무 여사장님의 딸인 마리안이라니 놀라울 따름이다. 가게를 이따금 도우러 나오는 이는 마리안 씨와 그녀의 자매인 야스민 씨인데 모두 미녀인데다 친절해서 타무타무의 평점을 높이고 있다.

**Info**

**주소** 東京都杉並区松庵3-18-15 | **연락처** 03-6320-9937
**영업시간** 17:00~23:00 | **휴무** 월요일 및 제 1, 3 화요일
**위치** JR 주오 본선中央本線 니시오기쿠보 역西荻窪駅 남 출구南口 도보 7분
**구글맵검색** PH3V+9W (도쿄) | **구글좌표** 35.703467, 139.594853

# 쿠에
## 九絵

"회와 조림의 욕심 정식! 완벽한 생선 정식이다."

시즌5 제6화. 사무실 인테리어 의뢰를 받아 오오카야마를 찾은 고로는 미팅을 마치고 배가 고파지자 '어부 요리'라고 쓰여 있는 간판을 발견하고 들어간다. 고로는 넙치ヒラメ, 참치マグロ, 잿방어カンパチ, 연어サモン가 들어간 회와 참치머리조림, 튀긴 두부조림, 달걀말이, 소송채小松菜의 쿠에 정식九絵定食, 다진 가다랑어로 만든 나메로히야챠즈케なめろう冷茶漬け를 음미한다. 70대 할아버지께서 회를 뜨고 며느리가 서빙하며 일하는 가게다. 그럼 주인 할아버지의 아들인 카즈야 씨는 어디에 가 계신지 여쭈니 다른 곳에서 일한다고 하셨다. 여기서 같이 일하시

면 안 되냐고 여쭈니 어떤 사정이 있으신지 빙그레 웃으셔서 더 이상 여쭙지 않았다. 이내 2000엔의 쿠에 정식을 받아들었다. 1700엔이 아닌가 하니 그건 런치 때의 가격이고 저녁에는 2000엔으로 바뀐다고 한다. 드라마 상에서 고로가 받은 쿠에 정식에는 왕새우가 나오지 않았는데 껍질을 까지 않고 바로 먹을 수 있도록 몸통만 껍질을 까놓은 신선한 새우회가 나와 반가웠다. 어떤 생선이 회로 나올지는 사장님 마음이라고 한다. 참치머리조림이 아닌 고등어조림이 나와 다소 아쉬웠지만 고등어간장조림도 완벽한 밥도둑이었다. 다진 가다랑어로 만든 나메로히야차즈케는 추천하고 싶지 않다.

**Info**

**주소** 東京都目黒区大岡山 2-2-1 | **연락처** 03-5731-5230
**영업시간** 평일 11:30~14:00, 18:00~23:30 축일 11:30~14:00, 18:00~21:00 | **휴무** 일요일
**위치** 도큐 전철東急電鉄 도큐 메구로 선東急目黒線 도큐 오이마치 선東急大井町線 오오카야마 역大岡山駅 정면 출구正面口 도보 2분
**구글맵검색** Kue tokyo | **구글좌표** 35.608124, 139.684740

# 징기스바르 마상
ジンギスバル まーさん

"양 어깨살과 밥! 왕 맛있어."

시즌5 제7화. 지인의 스튜디오 리모델링 의뢰 일을 끝낸 고로는 피로를 풀기 위해 힘이 날 만한 음식을 찾다가 '칭기즈 칸과 양갈비'라 쓰인 간판을 발견한다. 고로는 우롱차로 입안을 헹군 뒤 누린내가 나지 않는 부드럽고 육즙이 넘치는 양고기 어깨살肩ロース(790엔), 우둔살인 란푸ランプ(790엔, 허리에 가까운 다리살), 양념 목살인 세세리せせり, 양고기 약선 수프, 뼈가 그대로 붙어 있는 양갈비인 라무춉푸ラムチョップ(1대 780엔)를 즐긴다. 라무춉푸는 그램당 9엔에 판매되는데 가게 안과 가게 밖 주변이 양고기 굽는 냄새와 연기로 정말 자욱하다. 멀리서도 그 연기 때문에 가게를 찾을 수 있다. 양고기 어깨살과 우둔살에 구워먹을 수 있는 모둠 야채

가 결합한, 고로가 선택한 A세트(1200엔)나 양념 양고기 어깨살과 모둠 야채의 결합인 B세트(1200엔) 중에 선택해 돔형식의 불판으로 숯불을 이용해 구워 즐겨보는 것을 추천한다. 물론 고로가 탐낸 양젖으로 만들어 구워먹는 페코리노치즈도 좋을 것이다. 오늘은 한 마리의 늑대가 되어보자. 인기가 많은 곳이라 꼭 예약을 하고 가자.

**Info**

**주소** 東京都世田谷区桜丘2-24-20 | **연락처** 03-5450-4030
**영업시간** 17:00~23:30 | **휴무** 수요일
**위치** 오다큐 전철小田急電鉄 오다큐 선小田急線 지토세후나바시 역千歳船橋駅 남 출구南口 도보 3분
**구글맵검색** Jingisubaru Marr's | **구글좌표** 35.645376, 139.622955

# 가테모타분
## ガテモタブン

"껍질은 쫀득하고 고추는 잽을 날리는구나."

시즌5 제8화. 거래처 납품을 위해 요요기 우에하라를 찾은 고로는 일을 끝마친 후 배가 고파져 부탄 요리 가게에 들어선다. 고로의 선택은 장수할 수 있다는 약초 차 췌린마차, 에제エヅェ(고추를 양파와 기름으로 볶은 빨간 양념)라는 양념과 곁들여 나오는 찐만두와 비슷한 모모モモ(4개 640엔), 치즈와 산초가 들어간 생야채 샐러드인 호게ホゲ(850엔), 고춧국이라 해야 할지 고추조림이라 해야 할지 모를 에마다치エマダツィ(900엔), 부탄의 고추가 들어간 레몬셔벗(400엔), 양파와 무 그리고 말린 돼지고기가 무 고추와 만난 파쿠샤파干し肉のパクシャパ(1100엔)였다. 파쿠샤파의 경우,

말린 돼지고기를 먹지 못하는 사람을 위해 말리지 않은 고기를 사용해 요리해 줄 수 있다고 메뉴에 적혀 있다. 나는 이국의 맛에 대한 모험보다는 모모라는 우리나라 찐만두 비슷한 녀석을 선택했다. 메뉴판 사진에 대부분의 메뉴가 죄다 고추가 잔뜩 들어간 모습이라 심히 걱정이 됐기 때문이다. 모모는 다행히 잘 선택했다는 안도감이 드는, 예상 가능한 맛이었다. 점내는 부탄 국왕 부부의 사진과 부탄의 민예품, 의상, 서적들로 장식되어 있다. 부탄 사람이 운영하는 줄 알았는데 부탄 음식을 사랑하는 일본인 형제가 운영하는 가게다. 일본 최초의 부탄 요리 전문점에서 음식을 먹고 감격에 겨워 바로 그 집에 취업해 음식을 배워 차린 가게다. 도쿄 인근 지역 유일의 부탄 요리 전문점에서 '고추 맥주' 등 부탄의 마법에 빠져보자.

**Info**

**주소** 東京都渋谷区上原1-22-5 | **연락처** 03-3466-9590
**영업시간** 12:00~14:30(L.O. 14:00), 18:00~23:00(L.O. 22:00)
**휴무** 월요일, 화요일은 2주에 한 번 | **홈페이지** www.gatemotabum.com
**위치** 오다큐 전철小田急電鉄, 도쿄 메트로東京メトロ 요요기우에하라 역代々木上原駅 동 출구東口 도보 3분
**구글맵검색** Gatemo Tabum | **구글좌표** 35.668421, 139.682576

# 사이엔
菜苑

"굉장히 매콤달콤한 맛!"

시즌5 제10화. 입원 중에 심심한 병원식만 먹은 고로는 퇴원 후 바로 식당을 찾던 중 라멘 집에 들어선다. 중화요리점답게 새빨간 카운터석이 인상적으로 다가온다. 고로가 주문한 메뉴는 군만두인 야키교자焼き餃子(5개 350엔)와 쥰레바동純レバ丼(1100엔). 고로는 야키교자에 식초와 후추와 고추기름 라유를 스스로 조합해 찍어 먹는다. 쥰레바동은 실제로도 볶은 닭의 간에 파가 잔뜩 올려 나온다. 엄청난 양의 파 때문에 혹여 속이 쓰리진 않을까 걱정했지만 다행히 밥의 양이 많아 속이 쓰리진 않았다. 확실히 예상 가능한 간장비빔밥과 같은 맛이 났다. 고소

한 간의 맛이 다행히 짭짤한 소스의 간을 어느 정도 중화시켰다. 그럼에도 고로보다 더하게 물을 세 잔 들이키면서 완식 해야 했다. 미리 짠 소스를 조금 덜어내고 먹기를 권한다. 점심시간엔 사람들이 몰려 줄을 서야 하지만 1000엔의 가격으로 쥰레바동과 라면을 세트로 먹을 수 있다. 식권은 식권 판매기를 이용하면 된다. 카운터석에 앉아 중국인들의 요리 모습을 지켜보는 재미가 있다. 단, 음식 이외의 사진 촬영은 피해달라는 안내 문구가 붙어 있다.

**Info**

**주소** 東京都江東区亀戸3-1-8 | **연락처** 03-3637-9529
**영업시간** 11:30~14:30, 17:00~01:30 | **휴무** 일요일 및 4주 월요일
**위치** JR 소부 선総武線 긴시초 역錦糸町駅 또는 가메이도 역亀戸駅 북 출구 도보 12분
**구글맵검색** Saien tokyo | **구글좌표** 35.701599, 139.819811

# 쿠리야 사와

厨 Sawa

"해산물이나 식재료라는 말은 이 굴에게는 실례다."

시즌5 제11화. 거래처 방문을 위해 사이타마 현埼玉県 고시가야 시越谷市 센겐다이千間台를 처음 방문한 고로는 거래처를 찾기 위해 주택가를 헤매다가 일반 집 같은 외관의 쿠리야 사와 가게 앞에서 발걸음을 멈춘다. 고로의 선택은 포도 맛이 나는 식초 음료, 마늘빵에 토마토를 얹어 올리브오일과 소금 그리고 후추로 간을 한 부루스겟타ブルスゲッタ(450엔), 버터소스가 들어간 계절 한정 메뉴인 굴 무니에루Meunière(2180엔), 아메리칸 소스와 탱글한 새우가 들어간 오므라이스アメリカン

ソースのオムライス(1680엔), 흑설탕 소스와 콩가루가 있는 자가제바바로아自家製ババロア(350엔. 생크림, 우유, 달걀, 설탕, 젤라틴으로 만든 푸딩과 비슷한 느낌의 프랑스 디저트.)였다. 고로는 옆 테이블의 스튜와 하야시라이스ハヤシライス(1680엔)에 정신이 팔리기도 한다. 굴 무니에루는 취향에 따라 고로처럼 레몬을 뿌려 먹어도 되고 굴 한 점에 잣을 올려 먹어도 좋다. 본래 이 가게는 비프스튜를 메인으로 하는 가게였다가 광우병 파동으로 미국산 소를 수입하지 못하자 주인 부부의 아들은 쿠리야 사와 스타일의 오므라이스를 고안해낸다. 고슬고슬한 밥알 위에 달걀 지단을 말아 낸 것이 아닌 리소토에 가까운 밥이다. 점심시간에 200엔을 더하면 음료수를, 400엔을 더하면 음료수와 디저트를 맛볼 수 있다. 쿠리야 사와는 개업 18년을 맞이했으며 노부부가 운영하는 가게다.

**Info**

**주소** 埼玉県越谷市千間台西1-23-16 | **연락처** 048-978-3144
**영업시간** 11:30~14:00(L.O. 13:30), 18:00~21:30(L.O. 21:00) | **휴무** 월요일
**위치** 도부東武 이세사키 선伊勢崎線 센겐다이 역せんげん台駅 서 출구西口 도보 7분
**구글맵검색** 쿠리야 사와 | **구글좌표** 35.937631, 139.769818

# 샤부타츠
## しゃぶ辰

"뜨거운 고기를 차가운 달걀에 찍어 먹는 게 웃음이 날 정도로 맛있다."

시즌5 제12화. 고객이 계약할 건물을 대신 봐주기 위해 니시스가모西巣鴨를 찾은 고로는 상점가를 둘러보다 배가 고파져 식당을 찾던 중 '스키야키すき焼き'라고 쓰인 간판을 보게 된다. U자형 테이블에 한 명씩 앉아 각자 스키야키를 먹을 수 있게 만든 구조가 재밌다. 그리고 테이블에 있는 노란 양은 뚜껑이 친근했다. 고로가 먹은 메뉴는 날달걀과 우동 면, 쑥갓, 대파, 배추 등의 채소, 두부, 팽이버섯, 실곤약이 세팅되는 죠슈소고기스키야키 정식으로 가격은 2500엔(저녁에는 가격이 비싸진다)이다. 익은 고기는 날달걀에 적셔 먹으면 짠맛을 희석시킬 수 있고 고소한 맛이 난다. 날달걀을 좋아하지 않더라도 충분히 선입견에서 탈피할 수 있을

것이다. 주문을 하면 검은 국물이 든 냄비에 가스 불을 붙여준다. 재료가 나오면 고기와 우동 면을 제외하고는 일단 몽땅 투하하면 된다. 다 먹고 남은 국물에 우동을 넣고 조리면 눈물이 나는 맛이다. 제대로 만들어 먹지 못하고 있으면 주인인 사토 쿠미코 씨가 도와준다. 국물에 익힌 고기는 다소 짤 수 있는데 밥과 함께 먹으면 중화가 되니 걱정하지 않아도 된다. 가게의 테이블을 1인용으로 만든 이유는 혼자서 남을 신경 쓰지 말고 마음껏 먹을 수 있게 하기 위해서다. 한글 메뉴판이 있어 반갑다. 맛도 가격도 고로가 말한 대로 감동이다. 스키야키에 흰 쌀밥은 최고의 사치다. "고로가 먹은 2500엔의 고급 죠슈소고기가 아닌 일반 소고기가 들어간 1000엔의 런치 스키야키를 먹는 것을 강력 추천한다. 가격은 무려 1500엔이나 차이가 확실히 나는데, 맛은 평범한 일반인인 우리가 소고기의 질 차이를 느낄 수 있을 만큼의 차가 나지 않으니 말이다."

**Info**

**주소** 東京都豊島区西巣鴨4-13-15 | **연락처** 03-3910-1020
**영업시간** 11:30~14:00(L.O. 13:40), 17:00~21:30(L.O. 20:30) | **휴무** 수요일 및 둘째 주 일요일
**위치** 도에이 지하철都営地下鉄 미타 선三田線西 니시스가모 역西巣鴨駅 A2 출구 도보 1분
**구글맵검색** 샤브타츠 니시스가모점 | **구글좌표** 35.744134, 139.728781

# 이세야
## 伊勢屋食堂

"이 향과 생강의 펀치, 역시 생강구이 정식은 특별하군."

시즌6 제2화. 거래처의 이벤트를 돕기 위해 신주쿠의 오쿠보를 찾은 고로는 일을 끝마치자 배가 고파져 가게를 찾다가 청과물 도매시장인 요도바시시장淀橋市場 안에 있는 이세야 식당을 발견한다. 그리곤 삼겹살 생강구이인 부타바라쇼가야키豚バラ生姜焼き(800엔)와 죽순조림, 명란젓(200엔), 토마토초절임(100엔), 낫토(150엔)를 즐긴다. 다나카라는 성을 가진 2대 4명이 함께 운영하는 이세야 식당은 도매

시장 정문을 들어서자마자 오른쪽으로 들어가면 15초 이내에 찾을 수 있다. 가게 내외부에 모두 〈고독한 미식가〉에서 고로가 먹었던 음식들을 모아 만든 액자를 두고 있어 쉽게 주문할 수 있다. 손님들 90%가 시장 사람들로 보인다. 삼겹살 생강구이엔 많은 양의 채 썬 양배추가 곁들여지고 명란젓엔 갈아 내린 무가 곁들여진다. 한국 사람들 중에 호불호가 갈리는 낫토는 추천하고 싶지 않다. 명란젓은 한국에서든 일본에서든 밥도둑임에 이견이 없다. 삼겹살 생강구이는 확실히 생강의 맛이 입에 강하지 않게 맴돈다. 이 생강이 돼지고기 냄새를 잡아주는 것만은 확실했다. 식사를 마치고 주인아주머니에게서 고로상이 받은 것과 똑같은 명함을 받아 기념품으로 간직했다. 명함에는 시장의 휴무일이 적힌 쪽지가 스테이플러로 찍혀 있다.

**Info**

**주소** 東京都新宿区北新宿4-2-1淀橋市場内 | **연락처** 03-3364-0456
**영업시간** 05:00~15:00 | **휴무** 일요일 · 축일 · 시장 휴일
**위치** JR 주오 선中央 소부 선総武線 오쿠보 역大久保駅 북 출구 도보 5분,
JR 야마노테 선山手線 신오쿠보 역新大久保駅 도보 7분
**구글맵검색** PM3V+WH (도쿄) | **구글좌표** 35.704845, 139.694075

# Shania
シャナイア

"매운맛이 식욕을 부르는구나. 냄비 요리 같군."

시즌6 제3화. 호텔 리모델링 의뢰를 받아 메구로의 미타를 찾은 고로. 회의를 끝낸 고로는 멍하니 걸어 다니다가 한적한 주택가에서 수프 카레 가게를 찾아낸다. 젊은 부부인 타베이 료 씨와 아내 아사코 씨가 운영하는 샤나이아에서 고로가 주문한 메뉴는 샤나이아풍 잔기(홋카이도 스타일의 매운 닭튀김, 4개 580엔), 치킨야채수프카레(1450엔), 심황을 넣어 노랗게 보이는 타메릭쿠 라이스, 바닐라아이스크림(350엔)이다. 잔기는 홋카이도 말로 튀김 요리를 뜻한다. 잔기는 카레 향신료가 들어가 있어 부담스럽지 않게 먹을 수 있고 매운 정도도 주문 시 선택할 수 있다. 치킨야채수프카레에는 당근, 버섯, 연근, 파프리카, 단호박 등 10종류의 야채가 들어간

다. 수프카레는 식재료와 수프의 베이스(오리지널, 토마토, 코코넛, 우유, 구운 새우에서 고를 수 있다.)를 무엇으로 할지에 따라 맛과 식재료와 매운 정도(0에서 5까지로 5에 가까울수록 맵다.)와 쌀의 종류 그리고 가격을 달리할 수 있다. 점포는 메구로 역과 에비스 역의 정확히 한가운데 있어 적지 않게 걸어야 한다. 그것도 주택가 오르막을 말이다. 런치에 가거나 꼭 예약을 하고 가도록 하자. 제시간에 방문했는데도 재료가 떨어져서 못 만들어준다는 말을 들을 수 있다. 가게 간판부터 가게 안 액자까지 고양이 천지인데 후나미즈 노리오船水徳雄라는 일본 화가의 갤러리를 개장해 만든 가게라 고양이 아지트 같은 느낌이 됐다. 료 씨는 원래 아오야마와 센다가야 인근에서 노점 자동차로 수프카레 장사를 시작했다고 하고 아내 아사코 씨는 현재까지 화가로 활동하는 본래 예술인이다.

**Info**

**주소** 東京都目黒区三田1-5-5 | **연락처** 03-3442-3962
**영업시간** 11:30~15:30, 18:00~22:00 | **휴무** 일요일 · 월요일
**위치** JR 야마노테 선山手線 에비스 역恵比寿駅 동 출구東口 도보 10분,
도큐 전철東急電鉄 도큐 메구로 선東急目黒線 메구로 역目黒駅 동 출구東口 도보 12분
**구글맵검색** Yakuzen Soup Curry SHANIA | **구글좌표** 35.639514, 139.714203

# 다이도코야 산겐자야점

## 台所家 三軒茶屋店

---

"회전 초밥다운 참치 색깔이다! 맛있어. 120엔이라니 싸군."

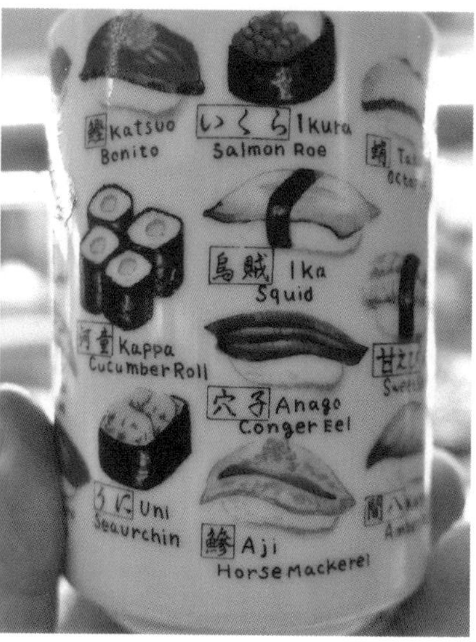


시즌6 제5화. 모델 하우스에 사용할 플로어 스탠드를 알아보기 위해 세타가야 구의 타이시도를 찾은 고로는 근처 식당가 스즈란 도오리에 있는 회전 초밥 가게에 들어선다. 친절하게도 컵에 스시의 종류가 그려져 있어 도움이 된다. 고로 역시 컵의 디자인이 귀엽다며 마음에 들어 한다. 참고로 이 컵은 구매할 수도 있다. 초밥을 먹기 전 고로처럼 녹차 가루를 컵에 넣고 따듯한 물을 받아 입안의 미

각을 곤두세워보자. 고로는 먹방 전투개시의 봉화로써 빨간 참치살マグロ을 시작으로 고등어サバ, 전갱이アジ, 정어리イワシ, 오징어, 구운붕장어, 새우海老, 게샐러드, 성게ウニ, 방어뱃살초밥과 참돔맑은국 등을 음미한다. 손님들이 몰린 시간에 방문해 방어 뱃살 주문에 어려움을 겪었던 고로와 달리, 나는 식사 시간을 비껴 방문해서 손님이 없었고 빙글빙글 도는 초밥의 종류도 다양하지 않았다. 그래서인지 초밥을 만드는 직원이 원하는 메뉴가 있으면 바로 이야기하라는 말을 1분에도 몇 번씩 계속 이야기했다. 한 접시 120엔부터 600엔 사이의 가격대다. 대중적이고 저렴한 다이도코야가 있다는 사실에 감사한다.

**Info**

**주소** 東京都世田谷区太子堂4-22-12 | **연락처** 03-3424-1147

**영업시간** 11:00~23:30 | **휴무** 연중무휴

**위치** 도큐 전철東急電鉄 도큐 덴엔토시 선東急田園都市線 산겐자야 역三軒茶屋駅 북 출구北口 도보 3분

**구글맵검색** Sushi Daidokoroya Sangenjaya | **구글좌표** 35.644280, 139.670311

# Nong Inlay
ノングインレイ

"찍어먹는 걸 추천한다고 쓰여 있었지?"

시즌6 제6화. 의뢰인에게 물건을 전달하기 위해 다카다노바바를 찾은 고로는 예상보다 물건 전달이 늦어져 허기를 달랠 가게를 찾는다. 고로는 농 인레이를 찾기 전 여성들이 메론빵을 먹는 것을 구경한다.

미얀마의 샨Shan풍 돼지고기갓볶음シャン風高菜炒め(800엔)과 소고기수프소바牛スープそば(1000엔), 이차퀘イチャクウェ라는 튀긴 빵과 달지 않은 밀크티의 세트(600엔)를 이 방식 저 방식을 동원해 음미하는 고로. 대나무벌레, 귀뚜라미, 개구리, 매미 등의 다소 엽기적인 메뉴도 있다. 벽에 〈고독한 미식가〉에서 고로가 어떤 것을 먹었는지 가격은 얼마인지 친절하게 다른 잡지에 실린 것들과 함께 붙여놓았

다. 점포에는 확실히 미얀마 사람들이 대부분이었다. 10명 중에 8명은 미얀마 사람들인 듯하다. 중국어와 일본어도 들렸다. 도쿄 내가 아니라 일본 내에 미얀마 샨 음식 전문점이 단 두 곳이라고 하는데 그중 한 곳이 농 인레이다. 농 인레이가 도쿄에 문을 연 것은 1998년. 미안마 사람들을 불러 모으고 일본인들에게도 미얀마 음식을 선보이고 싶어 당시 30대의 젊은 밍 씨 형제 세 명이 가게를 열게 되었다고 한다. 재미나게도 미얀마 여행을 가기 전 현지 정보를 얻고 현지 음식을 맛보기 위해 방문하는 일본인들이 꽤 있다고 한다. 점명은 미얀마의 샨에 있는 유명 대형 호수 '인레이' 호수로부터 왔는데 그래서인지 점내에는 인레이 호와 수상가옥의 큰 그림이 걸려 있다.

**Info**

**주소** 東京都新宿区高田馬場2-19-7 | **연락처** 03-5273-5774
**영업시간** 11:30~23:30(L.O. 23:00) | **홈페이지** nong-inlay.com
**위치** JR 야마노테 선山手線 다카다노바바 역高田馬場駅 도야마 출구戸山口 도보 25초
**구글맵검색** Nong Inlay Restaurant | **구글좌표** 35.713894, 139.704463

# 도쿄 메론빵

## 東京メロンパン 高田馬場店

"이 향기는 멜론? 배를 좀 채울까?"

시즌6 제6화에서 고로는 여학생들이 메론빵メロンパン을 구매해 먹는 모습에 발걸음을 멈춘다. 메론빵의 겉모습은 소보로빵 같아 딱딱할 줄 알았는데 정말 폭신폭신한 식감을 가지고 있다. 이곳은 2016년 개업하자마자 다카다노바바의 명물이 되었다. 가장 기본적인 맛의 플레인메론빵을 비롯해 시나몬シナモン, 쇼콜라ショコラ, 캐러멜キャラメル, 초코칩, 홍차紅茶, 말차抹茶, 호박かぼちゃ, 딸기 등의 메론빵이 있으며 가격은 착하게도 180엔부터다. 다만 계절 한정 메뉴가 있으므로 주의하자. 많은 이들이 소보로빵과 다를 게 무어냐 하지만 딱딱한 소보로빵의 식

감과는 전혀 다르다. 비스킷 반죽이라고도 하고 쿠키 반죽이라고도 하는 녀석이 들어가기 때문이다. 물론 이름이 메론빵이라고 해서 멜론이 들어가는 것이 아닌 (물론, 메론빵에 실제 멜론 즙을 조금 첨가해 향을 내는 가게가 어딘가엔 있다고 한다.) 오븐에 굽기 전 멜론처럼 골을 내서 모양이 비슷하다는 의미에서 메론빵이라는 이름이 붙여졌다. 가래떡에 가래가, 붕어빵에 붕어가 들어가지 않는 것과 마찬가지다. 메론빵 외에 애플파이와 크루아상, 라즈베리파이 등이 준비되어 있다. 다카다노바바 이 외에 스가모, 간다, 아사쿠사, 토고시긴자, 신오쿠보 등에 지점이 있다.

**Info**

**주소** 東京都新宿区高田馬場4-4-1 | **연락처** 080-2672-0099
**영업시간** 월~토요일 10:00~21:00(재료 소진 시까지) 일요일 10:00~20:30(재료 소진 시까지)
**휴무** 연중무휴 | **위치** JR 야마노테 선山手線 다카다노바바 역高田馬場駅 도야마 출구戸山口 도보 1분
**구글맵검색** Tokyo melonpan Takadanobaba store | **구글좌표** 35.711935, 139.703191

# 나가사키 반점
## 長崎飯店

"이 걸쭉함과 증기가 참을 수 없군. 면이 엄청나게 맛있어. 야와멘."

시즌6 제7화. 클럽 리모델링 의뢰를 받아 시부야를 찾은 고로. 일을 마치고 배가 고파진 고로는 시부야를 헤매던 중 나가사키 반점과 조우한다. 고로는 사라우동皿うどん 야와멘(튀기지 않고 볶아서 부드러운 면, 저녁에는 930엔이고 점심시간에는 880엔으로 가격이 달라진다.)과 춘권春巻き을 즐긴다. 나가사키 반점에 홀로 입장하니 둥그런 테이블로 안내되어 모르는 사람과 합석해야 했다. 사라우동은 그릇우동이라는 뜻처럼 국물도 아니고 소스도 아닌 그 가운데쯤 되는 걸쭉한 녀석이 면 위에 얹힌다. 고로처럼 겨자나 식초를 곁들여 맛의 변형을 주는 것도 좋다. 혹여나 주문 시, 튀겨 나오는 딱딱한 카타멘으로 잘못 시키면 음식 가지고 장난하나 싶을 정도로 딱딱한 라면땅 스타일의 면이 나와서 사람을 당황시킨다. 일본어를 하나도 모르던

시절 가이드가 주문해 준 카타멘을 먹다가 그대로 몽땅 남긴 아픈 추억의 당사자다. 고로는 옆 테이블을 보고 특상 나가사키짬뽕長崎ちゃんぽん(1140엔)까지 맛보곤 짬뽕 마니아가 된다. 나가사키짬뽕에는 당근, 버섯, 새우, 숙주, 양배추, 조개, 오징어 등이 듬뿍 들어가 있는 맵지 않은 진한 국물의 하얀 짬뽕이다. 우리나라의 매운 짬뽕과는 결이 다르다. 나가사키짬뽕은 말 그대로 나가사키의 시카이로라는 대형 중화반점이 그 원조로, 1899년 나가사키로 이주한 중국인이 남은 재료들로 값싸게 만들어 중국인들을 위해 팔면서 생겨난 음식이다. 우리나라에서도 매우 유명한 〈명탐정 코난〉 제678화를 보면 코난과 란 그리고 모리형사가 시카이로에서 나가사키 짬뽕과 사라우동을 먹는 장면이 친절하게 등장해 나가사키로 〈명탐정 코난〉 팬들을 불러 모으기도 했다.

**Info**

**주소** 東京都渋谷区道玄坂2−10−12 | **연락처** 03−3464−0528
**영업시간** 평일 11:00~14:30, 17:00~22:00, 토요일 11:00~14:30 | **휴무** 일요일
**위치** JR 야마노테 선山手線 시부야 역渋谷駅 도보 2분,
도큐 전철東急電鉄 도큐 도요코 선東急東横線, 도큐 덴엔토시 선東急田園都市線 시부야 역渋谷駅 도보 2분,
도쿄 메트로東京メトロ 긴자 선銀座線 한조몬 선半蔵門線 후쿠토신 선副都心線 시부야 역渋谷駅 도보 2분
**구글맵검색** 나가사키 한텐 | **구글좌표** 35.658712, 139.697849

# 양샹 아지보
羊香味坊

"테이블 위에 양 떼다. 오카치마치 양 페스티벌이다."

시즌6 제8화. 이벤트 회장 인테리어 의뢰를 받아 오카치마치의 보석 거리를 찾은 고로. 일을 끝마치고 배가 고파진 고로는 '양'이라고 쓰인 간판을 발견하여 발길을 옮긴다. 고로는 부드럽고 달달해 서로 상성이 맞는 양고기와 파의 볶음인 라무니쿠나가네기이타메ラム肉長ネギ炒め(1200엔), 보리밥과 야쿠미로 불리는 산초간장山椒醤油(50엔), 버섯양념장きのこの醤(50엔), 발효고추양념장発酵唐辛子の醤(50엔), 양고기 만두인 라무니쿠슈마이ラム肉シュウマイ(3개 600엔), 생선과 양고기 미니 수프인 어양탕(400엔), 오이 초절임, 양 등갈비인 라무스페아리브ラムスペアリブ(하프사이즈)를 즐긴다. 라무스페아리브에는 엄청난 양의 커민(미나리과 식물인 커민의 씨앗으로 만든 향

신료로 향이 매우 강하다.)이 들어간다. 고로는 라무스페아리브에 산초간장 양념을 쳐서 먹고 소룡포에는 고추양념장을 곁들여 먹었다.

내가 주문한 메뉴는 알뜰한 런치A세트인 유양미안과 양고기 볶음밥이다. 유양미안에는 완숙 달걀이 들어가 있는데 꼭 그 달걀을 먼저 먹고 면을 먹도록 하자. 그 달걀을 먹지 않고 면을 먹으면 면에서 방귀 냄새가 난다. 농담이 아니다. 직원은 전부 중국인으로 가게의 내외관이 매우 깔끔하다. 가게 주인이 중국 동북지방의 흑룡강성 출신인데 그쪽 지역이 양고기를 상당히 즐기는 지역이라 양고기를 취급하는 가게를 내게 되었다고 한다.

**Info**

**주소** 東京都台東区上野3-12-6 | **연락처** 03-6803-0168
**영업시간** 월~금요일 11:30~23:00, 토요일 · 일요일 · 축일 13:00~23:00 | **휴무** 연중무휴
**위치** JR 게이힌 도호쿠 선京浜東北線 오카치마치 역御徒町駅 남 출구南口 도보 3분
**구글맵검색** Yangshang Ajibo | **구글좌표** 35.705591, 139.773645

# 아칙쿠

アチック

"오랜만의 크림소다다. 쇼와시대(1926~1989년)의 달콤함이다."

시즌6 제9화. 하타노다이 영업 전에 시간이 남아서 메일 확인 차 카페로 향한 고로는 추억의 크림소다クリームソーダ(500엔)를 시켜 빨대로 원샷 한다. 소다수에 아이스크림 한 덩어리를 넣어 먹는 매우 단순한 일본의 옛날식 디저트임에도 깜짝 놀랄만한 맛이 났다. 고로가 이 녀석을 고른 이유가 있구나 하고 고개가 절로 끄덕여졌다. 아주머니에게도 이 감동의 맛에 대한 반응을 전해드렸다. 이외에도 코코아, 아이스티, 커피, 카페오레, 레몬스캇슈 등의 음료가 있고 토스트, 바나나, 샐러드, 달걀스크럼블 그리고 커피가 곁들여진 모닝세트(510엔)가 인기다.

〈고독한 미식가〉 촬영 스태프들이 촬영하러 왔을 때 20명 정도는 족히 와서

놀랐다고 하셨다. 이 점포에는 왜 고로의 사인이 붙어 있지 않은가 여쭈니 60세 정도로 보이는 주인아주머니께서 그런 걸 좋아하지 않으신다고 한다. 한국 드라마를 좋아하신다는 아주머니는 한국 여행도 세 번이나 다녀오셨단다. 원래 이 점포는 친구가 하던 가게인데 본인이 30년 전쯤 이어받아 운영하고 있다고. 아주머니는 영업시간인 7시 30분 전이라도 손님이 오면 그냥 받아주신다고 한다. 그 일찍 온 손님이 바로 나였다.

**Info**

**주소** 東京都品川区旗の台2-1-15 | **연락처** 03-3785-6698
**영업시간** 07:30~17:00 | **휴무** 월요일
**위치** 도큐 전철東急電鉄 도큐 오이마치 선東急大井町線 하타노다이 역旗の台駅 동 출구東口 도보 4분
**구글맵검색** 아칙쿠 | **구글좌표** 35.607179, 139.704716

# 이시이
## 石井

"이 레베르토! 레벨 높지 않은가."

시즌6 제9화. 목욕탕을 개조하여 강습소로 사용 중인 건물의 견학을 끝마친 고로는 하타노다이旗の台에서 식당을 찾는다. 자극적인 음식이 먹고 싶던 고로는 스페인 식당 이시이를 발견한다. 고로가 먹은 아이올리소스가 듬뿍 들어간 이카스미빠에야イカ墨のパエヤ(1500엔)는 오징어먹물을 넣은 밥이라 검다. 검은 밥에는 파프리카와 오징어가 들어가 있고 조개가 5~6개 올라간다. 오토시로 주인이 정성을 담아 만든 수제 빵이 나온다. 고로가 이어서 먹은 사르수엘라サルスエラ(1750엔)는 조개, 새우, 게, 홍합이 들어간 스페인식 해물탕이라고 생각하면 좋다. 고로

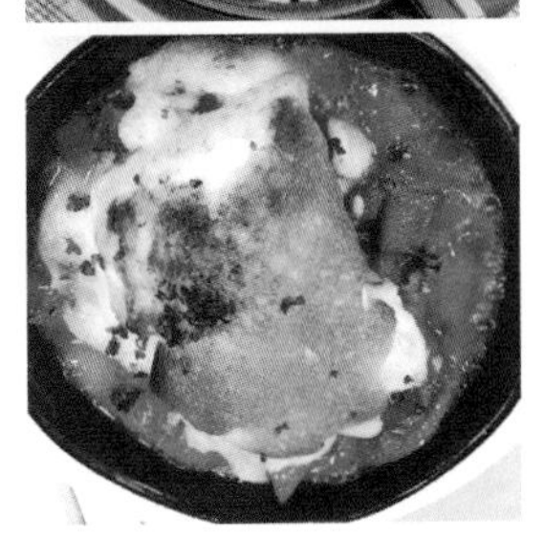

는 버섯머리에 야채가 듬뿍 들어간 머쉬룸 철판 구이マッシュルーム鉄板焼き(950엔), 달걀과 이베리코 돼지고기 그리고 두 종류의 버섯이 들어간 사르치촌레베르토サルチチョンのレヴェルト(800엔), 토마토 슬라이스 위에 대구 살을 올리고 아이올리 소스에 곁들여 오븐에 구운 타라노아이오리 오븐야키鱈のアイオリオーブン焼き(1200엔), 스페인산 탄산수, 당근샐러드(350엔)도 음미한다. 가게 밖에 고로가 먹은 음식과 작가 쿠스미가 먹은 음식이 무엇인지 자세하게 나온 안내문을 붙여 놓았다. 고로는 모든 메뉴를 하프사이즈로 주문했었다. 위의 가격은 정사이즈의 가격이다. 실제로도 고기가 들어간 요리의 거의 대부분은 하프사이즈로 주문이 가능하다. 가게는 주인이면서 주방장인 50세의 이시이 히로시石井 浩 씨와 나이를 밝히길 꺼려하는 40대의 아내 노리코 씨의 성을 따서 명명했다. 주인아주머니는 도쿄의 스페인 레스토랑에서 스페인 요리를 만나 충격을 받고 이후 돈과 시간만 생기면 스페인에 다니고 지금도 어떻게 하면 스페인에 갈까 궁리 중이라고 한다. 그녀의 취미는 재미나게도 여행과 먹으면서 걷는 것. 인기가 많은 집이니 예약을 하자.

**Info**

**주소** 東京都品川区旗の台 2-1-31 | **연락처** 03-3784-7336
**영업시간** 월~금요일 18:00~22:00(L.O. 21:00), 토요일 · 일요일 11:30~13:30, 18:00~22:00(L.O. 21:00)
**휴무** 화요일 | **홈페이지** spain-shokudo.com
**위치** 도큐 전철東急電鉄 도큐 오이마치 선東急大井町線 도큐 이케가미 선東急池上線 하타노다이 역旗の台駅 동 출구東口 도보 5분

**구글맵검색** JP53+7W(도쿄) | **구글좌표** 35.608188, 139.704797

# 호에이
## 豊栄

"새콤한 맛과 농후한 맛이 절묘한 걸작이군."

시즌6 제11화. 유럽 인테리어 트렌드에 관한 인터뷰를 하기 위해 묘가다니를 찾은 고로는 인터뷰가 끝나고 허기를 달래기 위해 호에이를 찾는다. 고로는 나무 찜통에 아보카도를 넣고 증기를 이용해 쪄서 요리하는 방법을 택한 아보카도 세이로무시アボカドせいろ蒸し(600엔), 비계가 있는 돼지고기를 마늘종과 마늘과 양파, 양배추 등을 넣고 간장과 식초로 간을 해 볶은 요리인 히다카욘겐톤 호이코로日高四元豚の回鍋肉(1800엔), 중화달걀찜인 츄카차완무시中華茶碗蒸し(850엔)를 시킨다. 아보카도를 찌면 맛있어진다는 것을 깨달은 고로. 이어 우리나라 비빔국수와 가까운 느낌이 나는 히야시탄탄멘冷やし担々麺(1000엔. 여름 한정 메뉴.)을 먹으며 만족감

을 느낀다. 고로는 주문하기 전, 옆 테이블에 나왔던 탕수육인 스부타를 보고 마음이 흔들리기도 했다. 개업 4년을 맞은 호에이는 40대 젊은 부부가 운영하는 상해, 사천요리 전문점이다.

**Info**

**주소** 東京都文京区小石川5-38-14 | **연락처** 03-3868-3714
**영업시간** 화요일 11:30~13:30(L.O. 13:00, 예약 손님만 받음) 토요일 · 일요일 · 축일 11:30~14:30 (L.O. 14:00) 저녁 17:30~22:00(L.O. 21:00) | **휴무** 수요일 · 목요일
**위치** 도쿄 메트로東京メトロ 마루노우치 선丸の内線 묘가다니 역茗荷谷駅 1번 출구 도보 8분
**구글맵검색** Chinese cuisine Houei | **구글좌표** 35.718226, 139.743290

# 토다카
とだか

"소고기가 우세해서 밥이 보이지 않아."

시즌6 제12화. 주얼리 박스 주문 상담을 위해 시나가와를 찾은 고로는 일을 끝내고 메구로 강을 걷다 배가 고파져 술집 토다카로 들어서게 된다. 고로는 문어, 오이, 다시마절임인 타코토큐리노시오콘부たことキュウリの塩昆布를 오토시로 주문한다. 실제 자주 메뉴가 바뀌는 오토시는 네 종류 중에 하나를 고를 수 있고 금액은 500엔이다. 이 가게는 손님에게 직접 메뉴를 적으라고 빈 주문서를 건넨다. 고로는 삶은 달걀 안에 성게를 얹은 '우니 on the 유데타마고ゆで卵(800엔)', 고

소함과 신맛의 조합이 좋은 깨두부와 토마토 튀김인 고마도부토마토아게다시胡麻豆腐トマトの揚げ出し(700엔), 바삭바삭한 옥수수튀김인 아게토모로코시揚げトウモロコシ(800엔), 밤 가루가 뿌려진 살치 가지구이 킨키토나스노츠츠미야키(2000엔)까지 음미한다. 그것도 모자라 거의 날것에 가까운 소고기와 와사비 그리고 완숙달걀과 파가 올라간 소고기밥牛ご飯(900엔)까지 클리어 한다. 몸에 좋은 미소시루라고 했던 고로의 대사가 붙었던 장국에는 락교(염교의 알뿌리)가 들어가 있다. 토다카는 카운터 여덟 자리가 전부인데 초록색인 것이 매우 특이하다.

**Info**

**주소** 東京都品川区西五反田1-9-3 リバーライトビルB1F | **연락처** 03-6420-3734
**영업시간** 18:00~00:00 | **휴무** 일요일 · 축일
**위치** 도큐 전철東急電鉄 도큐 이케가미 선東急池上線 고탄다 역五反田駅 도보 1분, JR 야마노테 선山手線 고탄다 역五反田駅 서 출구西口 도보 2분, 도에이 지하철都営地下鉄 아사쿠사 선浅草線 고탄다 역五反田駅 A1 출구 도보 3분
**구글맵검색** JPFF+WM(도쿄) | **구글좌표** 35.624848, 139.724123

# 키세키 식당

## キセキ食堂

"튀겨도 좋고 구워도 좋고. 이 녀석, 말도 안 되는 돼지다."

시즌7 제1화. 의뢰받은 기모노 가게로 영업을 하러 가서 도리어 영업을 당하고 온 고로는 허기가 져, 키세키 식당으로 온다. 고로가 주문한 것은 목과 어깨부위 살로 만든 두툼한 로스카츠. 고로는 로스카츠에 겨자와 매운 된장, 어니언, 간장소스를 한 점에 한 번씩 얹혀 먹는다. 정직한 맛이라는 버섯국도 음미한다. 이 외에도 참깨드레싱소스, 돈카츠소스, 스테이크소스가 있어 기호에 맞게 즐길 수

있다. 230그램 로스카츠 정식의 가격은 1000엔이다. 이외에도 로스 스테이크 정식, 히레카츠 정식과 히레 스테이크 정식, 소혀스테이크 정식의 메뉴가 있고 고기의 양에 따라 가격의 차이를 뒀다. 고기의 단면이 분홍빛으로 빛난다. 하지만 확실히 익혀지지 않은 고기에 대한 호불호는 분명 갈린다. 고기를 덜 익히는 것을 불호한다면 주인장에게 미리 확실히 튀겨 달라는 오더를 내리는 것이 좋다.

키세키 식당은 식재료가 다 떨어지면 그대로 영업을 종료한다. 워낙 인기가 많은데 자리는 고작 일곱 자리가 전부라, 대기 명부를 아침 9시 30분에서 10시 사이에 내어놓는데도 이미 9시부터 사람들이 예약을 하려고 줄을 선다. 13:30분부터는 예약 없이 기다리는 손님들을 받는데 이마저도 재료가 소진되면 끝이다.

**Info**

**주소** 埼玉県上尾市本町3-11-13 | **연락처** 070-3529-8553
**영업시간** 11:00~재료 소진 시까지 | **휴무** 일요일
**위치** JR다카사키 선高崎線 아게오 역上尾駅 동 출구東口 도보 15분
**구글맵검색** Kiseki Shokudo | **구글좌표** 35.978924, 139.594138

# 맛시나 멧시나

マッシ-ナ メッシ-ナ

"뷔페는 100% 과식하게 되는군."

시즌7 제2화. 고객 상담을 마친 고로는 가장 가까운 역이 어디인지 묻는다. 고객이 역까지 가는 길을 약도로 그려주자 이내 약도에 쓰인 언덕을 찾은 고로는 안심해서 공복을 느끼며 단독 주택 같은 뷔페 집으로 발걸음을 옮긴다. 고로는 고등어 소금구이, 된장가지, 마카로니그라탱, 돼지고기샤브, 중화냉면, 타라모샐러드, 아스파라거스소금구이를 즐긴다. 맛시나 멧시나는 한적한 주택가 한가운데에

식당 같지 않은 식당 외견을 가지고 있다. 90분 제한, 1인 1500엔의 바이킹(뷔페식)이다. 거창하지 않은 일식, 양식, 중식, 아프리카식의 19가지 반찬과 음식이 손님들을 기다린다. 야키소바, 가지찜, 포테이토샐러드, 두부, 치킨카레, 함바그 등 국제결혼한 일본인 아주머니 케이코 씨와 아프리카 기니 출신의 남편 맛시나 씨가 정성스레 준비해 손님들을 밝은 미소로 반기고 있다. 현관에는 아프리카 토인 인형이 문 앞을 지키고 있다.

**Info**

**주소** 東京都世田谷区宮坂1-9-5 | **연락처** 03-3429-2615
**영업시간** 화~토요일 11:00~12:30, 12:40~14:10, 14:20~15:50, 16:00~17:30
**휴무** 일요일 · 월요일 | **위치** 오다큐 전철小田急電鉄 오다큐 선小田急線 교도 역経堂駅 남 출구南口 도보 8분, 도큐 전철東急電鉄 도큐 세타가야 선東急世田谷線 미야노사카 역宮の坂駅 도보 8분
**구글맵검색** 맛시나 메시나 | **구글좌표** 35.978924, 139.594138

# 사르시타
サルシータ

"오늘 이 가게로 온 것이 정답이다. 최고의 멕시코 요리다."

시즌7 제3화. '앤티크 토이'의 의뢰를 받고 고객을 찾아간 고로는 이내 배가 고파, 한 멕시코 식당에 들어가게 된다. 모리야마 코지 씨가 운영하는 사르시타에서 고로가 주문한 음식은 겉은 바삭하고 속은 쫀득하다는 소페스(750엔), 탄산이 들어간 멕시칸 레몬에이드, 아보카도와 토마토 등이 들어간 유카탄(멕시코 남동부) 치킨라임수프(950엔), 푸딩이라는 이름을 가졌지만 달걀찜이라는 이름이 어울릴 듯한 줏키니푸딩(S 사이즈 700엔), 토르티야에 싸먹었던 치즈가 듬뿍 들어간 초리조케소푼디도(900엔). 소페스와 퀘소푼디도에 하바네로소스를 뿌려 먹은 고로는 옆 테이블의 메뉴를 보고 호박씨로 포인트를 준 '닭고기 삐삐안 베르데'(1700엔) 메뉴까

지 섭렵한다. 멕시코 술인 데킬라 50종과 멕시코 맥주도 준비되어 있다. 소페스는 손으로 먹으면 소스가 손을 타고 흐를 수 있으니 조심하자. 이 집의 가장 인기 메뉴는 런치 때 등장하는 엔치라다토타코エンチラーダとタコ(1000엔)다. 책으로 배운 것이 아닌 점주가 직접 멕시코에 살면서 배운 본격 멕시코 요리를 즐겨보자. 평일 점심은 런치 메뉴로만 운영하니 주의해야 한다.

**Info**

**주소** 東京都港区南麻布4-5-65 B1F | **연락처** 03-3280-1145
**영업시간** 11:45~14:15 17:30~23:00 | **휴무** 월요일 | **홈페이지** salsita-tokyo.com
**위치** 도쿄 메트로東京メトロ 히로오 역広尾駅 1번 출구 도보 2분
**구글맵검색** 살시타 도쿄 | **구글좌표** 35.650972, 139.723632

# 신지츠 이치로
## 真実一路

"무서운 마파두부! 사천이 자랑하는 마비와 매움!"

시즌7 제5화. 점포 인테리어를 의뢰받아 상담을 마친 고로는 배고픔이 밀려오던 중 '마파두부 전문'이라고 직설적으로 적힌 간판을 발견하고 젊은 주인장 마나베 히데노부 씨가 운영하는 모던 차이니스 레스토랑 신지츠 이치로로 들어간다. 고로가 음미한 메뉴는 미니 만두가 들어간 자양수프滋養スープ(700엔), 새우와 차조기 잎이 들어간 바삭한 춘권(1개 380엔), 초록색 마파두부(950엔)와 빨갛고 매운 3단계 오미일체마파두부五味一体 麻婆豆腐(600엔)였다. 매운맛을 씻기 위해 디저트로

안닌두부杏仁豆腐(500엔)까지 먹고 흡족해하는 고로. 안닌 두부는 말만 두부지 실은 우유로 만든 푸딩이다. 하얗고 질감이 순두부와 같아서 두부라는 별명이 붙은 것이다. 오미일체마파두부는 0-5까지 6단계의 매운 정도를 선택할 수 있다. 0은 달고 5는 먹을 때 혓바닥에 불이 날 정도로 맵다. 5단계를 주문하려면 그 전 단계를 주문해 본 적이 있어야만 주문을 받겠다는 벽 메뉴의 안내가 특이하다.

**Info**

**주소** 東京都荒川区西日暮里1-4-12 | **연락처** 03-6806-5232
**영업시간** 11:30~14:30, 17:00~20:00 | **휴무** 일요일
**위치** JR 조반 선常磐線 미카와시마 역三河島駅 도보 2분
**구글맵검색** 신지츠 이치로 | **구글좌표** 35.734257, 139.777990

# 라텐
## 羅甸

"이 양념은 남길 수가 없군."

시즌7 제6화. 우라야스의 애완동물 갤러리에서 주문을 받아 발주를 마친 고로는 점심을 먹으러 우라야스 거리로 나선다. 그러던 중 '생선 집'이라고 적힌 식당 간판을 발견하고 기대에 부풀어 가게로 들어간다. 고로가 주문한 회가 곁들여지는 은대구조림인 긴다라노니즈케銀ダラの煮付け(600엔, 하프사이즈)는 방문하는 손님의 8할이 선택하는 메뉴다. 탱글탱글한 겉은 새카맣지만 속의 생선살은 하얗다. 고로는 은대구조림을 다 먹고 남은 조림소스가 아까워서 밥을 한번 리필해 먹는다. 참고로 리필 1회는 무료로 제공한다. 은대구조림이 이렇게 부드럽고 짜지 않으며 푸짐할 줄은 꿈에도 상상하지 못했다. 은대구 자체에 뼈가 적은 것인지 주

인이 뼈가 적은 부위를 골라서 내는 것인지 주인인 노부부에게 물어보진 못했지만 뼈를 발라야 하는 생선음식 특유의 번거로움은 거의 느껴지지 않았다. 이곳 우라야스 라텐이라는 가게를 알지 못했다면 나는 태어나서 이렇게 맛있는, 칼슘과 지용성 비타민 등이 풍부하다고 알려진 은대구조림이라는 음식을 맛볼 수 있었을까? 미슐랭 별을 이 집에 선사하고 싶었다. 고로에게는 참치회가 곁들여져서 나왔는데 내가 방문했던 날은 참치가 없어서 연어회가 나왔다. 은대구조림 정식(1300엔)에 150엔만 보태면 세 점의 회를 맛볼 수 있는 시스템이다. 가게 내부는 노부부가 좋아하는 트로트 가수나 손자의 사진으로 인테리어 되어 있었다.

**Info**

**주소** 千葉県浦安市北栄4-16-5 | **연락처** 047-351-1855
**영업시간** 11:00~14:00, 16:30~20:00 | **휴무** 일요일 · 수요일
**위치** 도쿄 메트로東京メトロ 도자이 선東西線 우라야스 역浦安駅 남 출구南口 도보 12분
**구글맵검색** 라텐(은대구조림) | **구글좌표** 35.662472, 139.901598

# 카토리카
## カトリカ

"피자에 달걀은 좋다. 먹을수록 반죽의 맛이 두드러진다."

시즌7 제7화. 고객에게 '사진 속에 있는 것을 찾아 달라'는 의뢰를 받은 고로는 단체 메일을 보내 조사를 부탁하고는 이내 식당을 찾아 헤매다 우연히 '피자'라고 적힌 간판을 발견한다. 바로 주택가의 작은 가게로 모리야마 히가시 씨 노부부가 운영하는 곳이었다. 고로는 점포 내의 화덕 가마에 시선이 갔다. 요즘 같이 가스불로 익히는 편한 시대에 화덕으로 피우는 수고는 시선이 갈 만하다. 피자는 맛, 재료, 도우의 두께까지 결정할 수 있다. 극중에서 고로는 하프&하프 주문을 하지만 실제로는 하프&하프는 거의 주문 받지 않는다. 고로가 음미한 메뉴는 '햄과 계란피자와 낫토피자'(1600엔, 세금별도)로, 낫토피자納豆ピザ에는 김, 파, 참깨가

들어간다. 피자가 맛있으니 파스타도 맛있을 거라며 고로가 주문한 매운파스타는 800엔이다. 옆 테이블의 초콜릿피자는 구경만 하는 고로. 초콜릿피자, 홍차피자, 코코넛피자, 오렌지피자 등 특이한 피자들이 1500엔의 가격으로 기다리고 있다. 테이크아웃도 가능하다. 낫토피자는 낫토를 먹어보지 않았거나 먹어본 적이 있어도 거부감이 들었던 적이 한번이라도 있던 사람은 피하길 바란다. 고로가 음미한 햄과 계란피자를두고 낫토피자로 굳이 모험을 하지 말자.

**Info**

**주소** 東京都墨田区東向島5-29-6 | **연락처** 03-3618-6747
**영업시간** 화~금요일 11:30~14:00, 17:00~21:00, 토요일 · 일요일 · 축일 11:30~21:00
**휴무** 월요일 | **홈페이지** www.mtg.or.fm/cattolica
**위치** 도부철도東武 이세사키 선伊勢崎線 히가시무코지마 역東向島駅 도보 8분
**구글맵검색** 카토리카 식당 | **구글좌표** 35.728032, 139.821883

# 키비코야
## 吉備子屋

"뜨거운 경단 좋구나. 이 단맛이 기쁘고 맛있어."

시즌7 제7화. 초콜릿피자를 먹지 못한 아쉬움을 달래려 단고(수수경단)집을 찾은 고로. 키비단고きび団子 1인분(5꼬치, 270엔)을 테이크아웃 주문해 근처 공원에 앉아 음미한다.

나는 고로와 똑같이 1인분을 주문해 봤다. 미리 만들어 놓지 않으셨는지 할머니께서 그제야 떡을 익힌 후에 콩고물을 바르셨다. 원래 미리 만들어 놓지 않으시냐고 여쭈니 미리 만들어 놓지 않는다고 하시며 되도록 빨리 먹어야 맛있다고 권했다. 투명 플라스틱 용기에 담아 주는데 격이 없는 것 같아 좋았다. 사정상 호텔로 복귀한 뒤 먹게 되어 상당히 굳었음에도 충분히 고소했다. 콩고물을 묻힌 키비

단고는 1964년 정도까지는 일본에서는 리어카로 돌아다니며 팔아 어린이들의 좋은 간식거리가 되었던 녀석이다. 재료라고는 찹쌀과 콩가루가 전부다. 키비코야의 문을 연 후쿠나가 씨는 키비단고의 유행이 수십 년 지난 뒤에 어떤 꼬마로부터 키비단고를 먹고 싶다는 얘기를 듣고 동네의 할머니에게 키비단고를 배운 뒤 어린이 모임에서 키비단고를 만들어 어린이들에게 맛보게 한 것이 계기가 되었다고 한다.

상권이 밀집한 곳도 아닌 대로변 코너에 위치한 키비코야에는 일본인 관광객들이 많았다. 지역의 명물이라는 단어로 광고하는 이유가 있었다. 그럼에도 아직 한국에는 알려지지 않은 점포라, 한국 관광객들의 발걸음이 거의 없는 곳이기도 하다.

**Info**

**주소** 東京都墨田区東向島1-2-14 | **연락처** 03-3614-5371
**영업시간** 11:00~17:00 | **휴무** 월요일
**위치** 도부 철도東武 이세사키 선伊勢崎線 히가시무코지마 역東向島駅 도보 10분
**구글맵검색** 키비 당고 | **구글좌표** 35.723473, 139.812782

# 나미다바시
## 泪橋

"무서운 치킨난반의 펀치. 타르타르가 굉장히 좋아."

시즌7 제8화. 고객 상담으로 나카노를 찾은 고로는 큰 계약이 성사되어 의기양양하며 자축하기 위해 술집 거리인 핫켄요코쵸를 어슬렁거린다. 대단히 많은 술집이 밀집한 지역이다. 그러다 이름부터 특이한 이름의 나미다바시를 찾아 들어간다. 비좁은 점내의 벽에는 온갖 메뉴들로 꽉 채워져 있다. 고로는 오토시로 아보카도와 치즈간장무침을 받아든다. 역시 기본반찬으로 닭껍질초무침도 받는다. 그리고 분홍빛 타르타르소스가 들어간 치킨난반チキン南蛮(780엔)과 삼겹살된

장꼬치인 부타바라미소쿠시豚バラ味噌串, 소금과 숯불의 향이 일품이라는 고등어 꼬치(200엔), 닭허벅지살꼬치(250엔)를 연이어 음미한다. 치킨난반은 타르타르 소스를 쓴다. 치킨난반은 바삭하게 튀긴 것이 아닌 기름지게 튀겨져 나왔는데도 타르타르소스가 덮어 나오니 달달하고 맛있다. 미야자키 요리 전문점이라고 하는데 점내 흐르는 음악은 쿠바와 멕시코 음악이다. 왜 노래 선곡이 이러냐 여쭈니 그냥 주인아저씨인 시모다 류이치 씨의 취향이란다.

일본의 음식 문화를 살펴보면 다른 나라 다른 문화권의 음식을 거부감 없이 받아들이고 거기에 변화를 가미해 일본스러운 것으로 만드는 경향이 짙다. 고독한 미식가에서 소개된 식당들의 면면을 봐도 카자흐스탄, 인도, 모로코, 중국, 프랑스, 미국, 한국 등의 음식이 등장하고 일본적 맛을 가미해 탄생한 요리들도 등장한다. 해당 나라에 가지 않아도 다양한 문화의 음식을 맛볼 수 있다는 장점은 일본, 특히 도쿄 여행의 장점이다.

〈고독한 미식가〉는 단행본으로 출간되었던 1997년 당시보다 2000년대 중반 드라마로 멋있게 재생산된 것이 널리 알려져 혼밥 열풍을 일으켰다. 혼밥 열풍 속에는 시대 흐름의 불가피성도 있고 그 시대의 세대가 스스로 편의에 선택한 자발

적인 고독이 있을 수도 있다. 이는 바쁜 일상에서 개인이 온전한 공간과 시간을 향유하며 자신의 시간을 갖기 위해서로도 보인다. 한국과 일본 모두 1인 가구가 급증하면서 혼자 식사를 하는 경우가 점차 늘고 있고 이 문화를 자연스럽게 받아들이는 분위기로 변하고 있는 것만은 틀림없다. 일본은 한국보다 훨씬 오래전부터 혼밥, 혼술을 즐겨온 개인주의적 성향이 짙다. 남 눈치 보지 않고 도쿄의 맛집을 찾아 혼밥을 즐겨보는 고독한 미식 기행은 어떤 의미에서 매우 즐거웠다.

**Info**

**주소** 東京都中野区中野5-53-10 | **연락처** 03-6383-2900
**영업시간** 17:00~00:00 | **휴무** 일요일
**위치** JR 주오 선中央線 나카노 역中野駅 북 출구北口 도보 5분,
도쿄 메트로東京メトロ 도자이 선東西線 나카노 역中野駅 북 출구北口 도보 5분
**구글맵검색** 나미다바시 식당 | **구글좌표** 35.709107, 139.666767

# Story

멀뚱하게 독립된 공간에서 혼자만의 라면 생각에 빠져있는 무표정이지만 예쁜 전학생 고이즈미. 그런 그녀의 이미지와 어울리지 않게 라면집 앞에서 줄 서 있는 것을 발견한 같은 반 친구 오오사와 유. 오오사와 유는 고이즈미를 따라 라면집으로 들어간다. 고이즈미는 라면을 먹기 전 간단한 스트레칭을 하고 본격적인 라면 흡입에 들어간다. 그리고 해맑게 웃는다. 먹방의 대폭발이다.

# #2

# 라면이 너무 좋아, 고이즈미 씨

ラーメン大好き小泉さん

드라마 | 후지TV 방영 4부작

# 라멘 지로 하치오지 야엔카이도점

## ラーメン二郎 八王子野猿街道店

"지로가 남자친구가 아니라 라면집 이름이었어?"

제1화에서 오오사와 유는 고이즈미가 달력에 지로라는 이름을 적어 놓은 것을 발견하고 남자친구와 데이트하러 가는 줄 알고 고이즈미를 따라 나서지만 결국 남자친구 이름이 아닌, 라면집 이름이라는 것을 알고 놀란다.

"라면 지로는 1968년 창업, 70년대에 미타로 이전, 게이오대학교 학생들에게 소울 푸드로 사랑받고 있음과 동시에 그 유일한 맛에 매료되는 사람들이 속출해 점포가 점차 늘어 지금은 도내를 중심으로 39개의 점포가 있습니다. 미디어의 취재가 거의 없음에도 불구하고 입소문만으로 사람들의 행렬이 생긴다는 압도적인 개성과 인기를 자랑하는 가게예요. 점심시간을 비껴 와서 줄을 서지 않아도 되니까 럭키입니다."

고이즈미는 위와 같이 오오사와 유에게 장황하게 라멘 지로에 대해 설명한다. 고이즈미가 이렇듯 길고 자세하게 설명해서 이곳은 따로 설명이 필요 없다. 그저 라멘 지로의 라멘만 먹는 지로의 마니아를 일컬어 '지로리언'이라는 단어가 생겼다는 사실만 알아두자.

고이즈미가 식권 판매기를 통해 선택한 메뉴는 다이부타(980엔)이다. 라멘의 양도 많은데도 불구하고 야채 듬뿍, 마늘 듬뿍, 육수는 진하게, 더욱이 매운맛으로 해달라는 고이즈미. 다이부타는 라멘 지로 안의 손님들이 모두 놀라는 그 메뉴. 절대 무리이니, 작은 것으로 하라는 만류에도 불구하고 고이즈가 선택한 메뉴! '후지산? 세계문화유산?'으로 표현을 하는 오오사와. 많은 돼지고기에 갖은 채소 그리고 수제 면으로 무장한, 사람 얼굴보다 큰 이 라멘을 고이즈미는 뚝딱 먹는다. 반드시 면발부터 먼저 먹기를 권한다. 숙주나 고기부터 먹으면 그 사이 라멘이 육수를 빨아들여 다 불어 터진다.

**Info**

**주소** 東京都八王子市堀之内2-13-16 | **연락처** 042-675-6806
**영업시간** 화~금 11:00~14:30, 17:00~22:30, 재료 소진 시 영업종료, 토요일 11:00~15:00, 16:30~22:30, 일요일 11:00~17:00 | **휴무** 월요일
**위치** 게이오 전철京王電鉄 사가미하라 선相模原線 호리노우치 역堀之内駅 도보 10분
**구글맵검색** RamenJiro hachioji-yaenkaido2 | **구글좌표** 35.629518, 139.401372

# 라멘 호리우치 신바시점
## らぁめんほりうち 新橋店

"아! 눈이 떠졌다."

제2화에서 고이즈미와 오오사와 유가 월요일에서 금요일 중에 아침 7시에서 11시 사이에만 판매하는 아사라멘朝らぁめん(490엔, 기본적으로 간장을 베이스로 한 쇼유라멘에 속한다)을 즐긴 점포다. 신바시가 오피스 밀집지역이라 직장인들이 많다는 점과 아침이라 속이 부대낄 수 있다는 점에서 착안해 라면의 양을 3/4으로 줄이고 가격도 저렴하게 책정한 착한 메뉴임에 분명하다. 아사라멘에는 죽순인 멘마, 대파, 김, 소송채가 토핑 된다. 이외에도 츠케멘 형식의 자루라멘, 달걀노른자가 들어간 츠키미라멘, 낫토가 들어간 낫토라멘 등이 있다. 자사이, 멘마, 반숙달걀 같은 토

핑을 더 얹고 싶다면 유료로 추가가 가능하다. 신바시에는 식당들도 많은데다가 라면집들은 더욱 많아 라면의 격전지라 불린다.

**Info**

**주소** 東京都港区新橋 3-19-4 桜井ビル1F | **연락처** 03-6435-8970
**영업시간** 월~목요일 07:00~03:00 금요일 07:00~04:30, 토요일 11:00~03:00, 일요일 · 축일 11:00~23:00 | **휴무** 연중무휴
**위치** JR 야마노테 선山手線 게이힌 도호쿠 선京浜東北線 요코스카 선横須賀線 도카이도 선東海道線 신바시 역新橋駅 가라스모리 출구烏森口 도보 3분, 도쿄 메트로東京メトロ 긴자 선銀座線 신바시 역新橋駅 가라스모리 출구烏森口 도보 3분
**구글맵검색** Raamen Shinjuku Horiuchi Shinbashi shop | **구글좌표** 35.664872, 139.757484

# 모코탄멘 나카모토 메구로점

## 蒙古タンメン 中本 目黒店

"나는 제일 매운맛 레벨인 홋쿄쿠라멘으로 할 거야!"

제2화에서 미사와 고이즈미가 주변의 만류에도 불구하고 가장 매운맛을 골라 먹던 라면집이다. 실제로 매운맛이 단계별로 있고 최종 보스급 모코탄멘의 이름이 홋쿄쿠라멘北極ラーメン(830엔)이다. 모코탄멘은 마파두부가 한쪽에 들어간다는 점이 매우 특색 있다. 이 부분은 호불호가 갈릴 수 있는 부분이다. 이 매운 라면을 먹기 위해 라면의 여신 고이즈미도 1년 간 연마를 했다고 고백했다. 드디어 식사에 들어간 고이즈미와 미사는 비 오듯 땀을 흘린다. '떡볶이를 잘 먹는 한국

사람이니 홋쿄쿠라멘을 한번 주문해 보자.'라는 호기는 잠시 내려두자. 일본에 먹방을 찍으러 왔다가 고혈압으로 응급실로 실려가 메디컬 드라마를 찍을 수도 있다. 실제로 지인이 매운 짬뽕 완식 인증 샷을 찍기 위해 호기를 부리다가 국물까지 먹은 뒤, 기절해 119 앰뷸런스를 타고 응급실로 후송된 적이 있다. 나카모토의 홋쿄큐라멘은 워낙 유명해 닛세이日清식품에서 컵라면으로도 판매되고 있다.

**Info**

주소 東京都品川区上大崎 2-13-45 トランスリンク第3ビル1F
연락처 03-3446-1233 | 영업시간 11:00~23:00
위치 JR 야마노테 선山手線 메구로 역目黒駅 동 출구東口 도보 2분
구글맵검색 Mouko Tanmen Nakamoto Meguro | 구글좌표 35.634855, 139.716881

# 파파파파파인

## パパパパパイン

"해산물 육수에 파인애플의 적당한 산미와
단맛이 혼합되어 절묘한 균형을 유지합니다.
주목할 점은 파인애플 맛이 스며들어있는 달걀!
파인애플주스에 달걀을 넣는다는 발상의 자유로움."

제3화. 하교 후 친구들과 찾은 파파파파파인에서 파인애플시오라멘パイナップル塩ラーメン(750엔)을 받은 고이즈미는 위와 같이 평가한다. 2017년 이사해 마치다 시로 와, 점포의 외관은 마치 식물원이나 과일 디저트 가게로 오인 받을 정도로 바뀌었지만 맛과 메뉴는 그대로다. 돼지 뼈나 닭 껍질을 육수로 사용하지 않고 건어물과 다시마, 표고버섯으로 육수를 내어 잡내가 없고 새콤달콤하다. 파인애플 과즙 80cc가 국물에 들어가는 저칼로리 영양식이다. 기간 한정으로 망고, 카카오, 자몽, 멜론 등을 넣을 때도 있다. 후추 통과 이쑤시개 통이 파인애플 모형이고 1984년생의 젊은 주인장 쿠라타 히로아키倉田裕彰 씨의 옷도 파인애플 무늬란 점이 재밌다. 파인애플 맥주와 파인애플 와인도 있으니 한번 도전해보자.

**Info**

**주소** 東京都町田市原町田 3-1-4 町田ターミナルプラザ 2F | **연락처** 042-709-3987
**영업시간** 11:00~15:00, 18:00~21:00 | **휴무** 수요일 | **홈페이지** twitter.com/paishio
**위치** JR 요코하마 선横浜線 마치다 역町田駅 터미널 출구ターミナル側出口 도보 3분,
오다큐 전철小田急電鉄 오다와라 선小田急小田原線 마치다 역町田駅 도보 8분
**구글맵검색** 파파파파파인 | **구글좌표** 35.540266, 139.449566

# Japanese Soba Noodles 츠타

蔦

"2014년 라면 Walker 그랑프리.
도쿄 23구 종합부문 랭킹 1위!
게다가 미쉐린 가이드 도쿄 2015의 빕그루밍을 수상했지요."

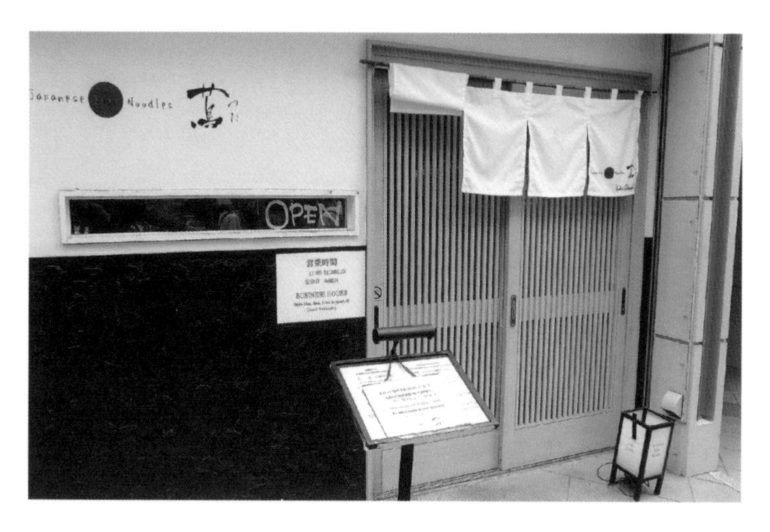

제3화에서 친구들과 오늘 공략할 라면집을 찾던 중 고이즈미가 위와 같이 소개한 점포다. 한 가지 사실을 더 붙이자면 2016년에 미쉐린 가이드에서 라면집 최초로 별 한 개를 획득하는 쾌거도 이뤘다.

오픈 한 시간 전에 줄을 서 기다려야 먹을 수 있다는 고이즈미의 이야기는 과거에는 사실이었지만 현재는 사실이 아니다. 번화한 곳을 살짝 비껴난 곳에 위치해 있는데, 주변 주택들의 민원으로 인해 선착순 대기가 아닌 정리권(정리권 정보 전용 트위터 주소: twitter.com/number_ticket)을 배부(정리권을 주면서 1000엔의 예치금을 받고 정해진 시간에 손님이 오면 돌려준다.)해 정해진 시간에 오는 것으로 바뀌어 드라마에서처럼 무작정 기다리는 일도 그로 인한 소음과 소동도 없어졌기 때문이다. 11시, 12시, 13시, 14시, 15시 정각의 정리권을 받을 수 있는데 늦게 오면 점점 시간대가 뒤로 밀린 정리권을 받을 수밖에 없다. 미쉐린 가이드에서 별을 받고 난 뒤에는 점내에 일본인보다 전 세계의 관광객들로 더 붐비게 됐다. 점내에는 미쉐린 가이드에서 주는 상 등 많은 상들이 진열되어 있다.

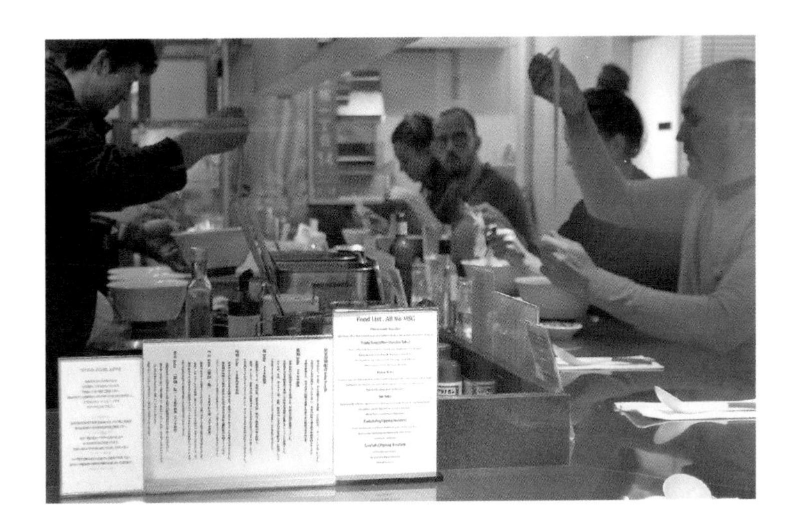

고이즈미 일행이 먹은 소바는 돼지고기가 토핑된 쇼유소바醤油そば(850엔)로, 국물은 와카야마 현의 숙성 간장과 아오모리 현의 바지락과 다시마를 우려 만든다. 면은 일본산 밀 네 종류를 맷돌로 혼합해 만든 자가제면이다. 라면은 심플하지만 감칠맛이 있고 수제라 쫄깃함이 있는 면발, 게다가 면 위에 조금 얹힌 프랑스산 버섯(Truffle) 소스의 향이 퍼져 평범해 보이지만 결코 어디에도 없는 극상의 맛이다.

**Info**

**주소** 東京都豊島区巣鴨1-14-1 Plateau-Saka 1F | **연락처** 03-3943-1007
**영업시간** 목~월요일 11:00~15:00, 17:00~20:00 화요일 11:00~15:00 | **휴무** 수요일
**위치** JR 야마노테 선山手線 스가모 역巣鴨駅 남 출구南口 도보 2분,
도에이 지하철都営地下鉄 미타 선三田線 스가모 역巣鴨駅 A1 출구 도보 2분
**구글맵검색** 츠타 | **구글좌표** 35.732918, 139.740578

# 다이쇼켄 히가시 이케부쿠로점

大勝軒 東池袋

"저는 야마기시 카즈오 씨의 츠케멘을 먹을 수 없었습니다.
올해 4월에 돌아가신 히가시 이케부쿠로 다이쇼켄의 창업자
야마기시 카즈오 씨는 츠케멘의 원조인
모리소바를 고안한 전설의 장인이에요.
연구를 거듭해 수프는 물론 면, 차슈, 죽순 등
모두 자가제를 고집하셨죠."

제3화에서 고이즈미가 3인의 라면 아재들을 만나 다이쇼켄과 창업자 고 야마기시 카즈오에 대해 이야기하고 자료 화면까지 친절하게 나오던 점포다. 다이쇼켄의 공동 창업자인 야마기시 카즈오는 1934년 나가노에서 태어났다. 전쟁으로 아버지를 여의고 어머니와 누나와 살다가 17세에 도쿄로 상경해 기계공으로 살

았다. 아는 형의 제안으로 라면집에서 일하게 되고, 1951년 형과 함께 요요기우에하라에 다이쇼켄을 만든다. 그리고 성장을 거듭해 1961년, 야마기시 카즈오가 이케부쿠로에 지점을 내고 독립하게 된다. 독립하고 난 뒤 다른 방법을 모색하던 야마기시 카즈오가 만든 것이 츠케멘이다. 자루에 남은 면을 남은 국물에 넣어 본인이 먹던 것을 본 손님이 "그거 나도 줘." 했던 것이 츠케멘 탄생의 비화다.

주인공 고이즈미 양이 극찬한 다이쇼켄의 츠케멘은 800엔의 '특제 모리 소바'를 의미한다. 특제 모리소바의 네이밍은 고인이 된 야마기시 카즈오 씨가 만든 것이다. 츠케멘 면의 양은 상당히 많다. 더불어 국물이 매우 짜니 면을 적당히 담갔다가 빼는 가감을 잘 하기를 당부한다. 츠케멘의 면은 탱탱한 식감을 위해 만들자마자 차가운 물에 헹구었다가 손님에게 내기 전 다시 데우는 방법을 택하고 있다. 육수는 돈족과 닭 그리고 멸치, 고등어로 우려내 만든다. 현재 다이쇼켄 히가시 이케부쿠로점은 고인이 된 1대 점주를 계승해 2대 점주인 이이노 토시히코 씨가 운영하고 있다.

**Info**

**주소** 東京都豊島区 南池袋2-42-8 | **연락처** 03-3981-9360
**영업시간** 11:00~22:00 | **휴무** 수요일
**위치** 도쿄 메트로東京メトロ 유라쿠초 선有楽町線 히가시이케부쿠로 역東池袋駅 7번 출구 1분
**구글맵검색** Taishoken | **구글좌표** 35.726020, 139.718628

# 텐카잇핑 코엔지점

## 天下一品 高円寺店

"콧테리라멘 세 개 부탁합니다."

제4화에서 고이즈미, 유, 미사가 유의 추천으로 와서 라면을 먹던 곳으로 텟카잇핑의 주요 메뉴는 진한 라면이라는 뜻을 가진 콧테리라멘こってりラーメン이다. 돼지육수가 아닌 닭 껍질과 야채를 푹 끓인 육수를 사용해 실제로 매우 걸쭉하다. 돼지고기 차슈 한 장과 죽순 그리고 대파를 듬뿍 썰어 올린 것이 다지만 매우 구수한 맛이 난다. 홋카이도에서 오키나와 그리고 하와이까지 진출하여 라면계 일대 세력이 되었다는 고이즈미의 설명이 참 친절하다.

1971년 교토 키타 시라카와에서 한 남자가 포장마차 라면을 시작해 11그릇을 판 것이 텟카잇핑의 시작점이다. 이는 키무라 츠토무 사장의 36세 때 이야기

다. 포장마차 라면을 팔던 청년이 현재 거느린 텐카잇핑의 점포는 2019년 일본 전국에 239개가 되었다.

**Info**

**주소** 東京都杉並区高円寺南4-7-1 | **연락처** 03-3317-7408
**영업시간** 11:00~03:00 | **휴무** 연중무휴
**위치** JR 소부 선総武線 주오 선中央線 고엔지 역高円寺駅 남 출구南口 3분
**구글맵검색** PJ3X+6X(도쿄) | **구글좌표** 35.703108, 139.649887

# 소라노이로 본점

## ソラノイロ 麹町本店

"소라노이로의 주인은 라면 교실을 열고 있어요."

제4화에서 고이즈미와 미사는 베지소바를 먹으며 전학간다는 유를 위해 소라노이로에서 베지소바 만드는 것을 배워보기로 한다. 실제로 소라노이로는 라면 교실을 운영 중이다. 이름 그대로 형형색색 야채를 많이 사용한 베지소바ベジソバ(900엔)는 면의 색이 주황색이라 눈에 확 들어온다. 당근으로 국물을 만든 베지소바의 맛은 달고 고소하다. 주인이 지인과 주황색 야채주스를 마시다가 '이게 라면이 될까?' 하는 발상에서 결국 탄생한 것이 베지소바다. 실제로 면은 붉은 파프리카가 들어가서 주황색이다. 주인은 평범한 돈코츠라면을 싫어했다. 2011년 개

업한 소라노이로는 주인 미야자키 치히로 씨가 후쿠오카의 잇푸도라는 매우 유명한 라면집에서 공부해 개점한 것이다. 주인은 산지 직송을 받기 위해 야채와 채소를 기르는 농장 그리고 양계장-양돈장과 직접 거래해 손님들에게 안전하고 안심할 수 있는 음식을 내어주는 것에 최선을 다하고 있다. 유통업자를 끼지 않고 산지 농가에서 직접 받는 것은 농가가 부를 더 창출해, 그 지역이 활성화될 수 있도록 돕기 위함이라고 43세의 젊은 주인은 밝힌다. 밀가루나 메밀로 만든 라면이나 소바를 먹지 않는 사람들을 야채와 채소가 듬뿍 든 면 세계로 불러들여 새로운 영역을 창출했다는 고평가를 미디어와 업계로부터 듣고 있는 소라노이로다. 가게가 안정되고 그럭저럭 팔린다는 것에는 아무런 가치도 느끼지 못한다는 신념의 주인이다. 미쉐린 가이드 '2015 도쿄' 편에서 빕그루밍에 게재되는 영광은 그러한 신념의 결과다.

**Info**

**주소** 東京都千代田区平河町1-3-10 ブルービル本館1B | **연락처** 03-3263-5460
**영업시간** 월~금요일 11:00~16:00(L.O 15:30), 18:00~22:00
**휴무** 토요일 · 일요일 | **홈페이지** soranoiro-vege.com
**위치** 도쿄 메트로東京メトロ 유라쿠초 선有楽町線 고지마치 역麹町駅 1번 출구 도보 2분
**구글맵검색** Soranoiro tokyo | **구글좌표** 35.683054, 139.739454

## # Story

26세의 사무직 여성 무라사키 와카코는 아무도 신경 쓰지 않고 혼자 먹고 마시며 메뉴를 볼 때가 가장 행복하다. 식당에서의 한잔이 귀가하기 전 하루 동안 고생한 자신에게 주는 하나의 선물이라는 생각의 소유자다. 〈고독한 미식가〉의 이노카시라 고로처럼, 이 드라마에서는 와카코가 혼술, 혼밥을 선보인다. 제목대로 술과 그에 맞는 술안주가 중심으로 나온다. 밥보다 안주와 술을 더 사랑하는 와카코의 먹방으로 초대한다. 회사에 근무하고 있는 여성의 제한된 세상에서의 혼술에의 탐닉은 대리 만족을 주기에 충분하다. 한국에서는 이를 리메이크한 드라마 〈나에게 건배〉가 방송되었다.

# #3

# 와카코와 술

ワカコ酒

드라마 | BS TOKYO 시즌 1~4 방영

# 샤케 코지마
## しゃけ小島

"기름이 흘러 맛있을 것 같아. 이 고소한 향기가 식욕을 당기는구나."

시즌1 제1화. 와카코가 감탄하며 즐긴 것은 상연어소금구이(1550엔)와 점원에게 추천받은 일본주 콧켄이다. 홋카이도 쿠시로釧路에서 잡은 자연산 연어를 사용하는 연어 전문점이다. 연어 정식을 주문한다면 1900엔으로 밥과 매생이가 들어간 미소시루가 무제한 리필된다.

와카코가 주문한 상연어소금구이는 껍질이 바삭하게 구워진 연어에 레몬을 뿌리고 간 무와 함께 먹으면 최고의 조합이다. 와카코가 입이 마중을 나간다고 표현했던 잔술 한 잔이면 천국이 따로 없다. 와카코가 즐긴 술은 특별 순미주純米酒

純米酒

로, 콧켄이라는 회사에서 만든다. 이곳의 손님은 대부분이 20대였다. 가게의 작은 입간판은 연어 그림으로 되어 있어 눈에 들어온다.

이곳은 2010년 유명한 맛집 사이트에서 선정한 최고의 음식점으로 뽑힌 이력이 있다. 사장인 코바야시 씨는 늘 입던 옷과 나비넥타이 스타일 그대로 등장, 와카코에게 잔술을 따라주며 출연하기도 했다.

**Info**

**주소** 東京都杉並区和泉1-3-15 めんそーれ大都市場内 | **연락처** 03-6240-8409
**영업시간** 화~토요일 17:30~00:00 일요일 15:00~22:00 | **휴무** 월요일
**위치** 게이오 전철京王電鉄 게이오 선京王線 다이타바시 역代田橋駅 북 출구 도보 7분
**구글맵검색** Shake Kojima | **구글좌표** 35.672650, 139.658100

# 교자소 무로

餃子荘 ムロ

"마음껏 만두를 즐겨 주겠어!"

시즌1 제2화에서 와카코가 먹을 기회를 놓쳤다가 끝내 기다기고 기다리다 먹은 것은 교자소 무로의 군만두인 닌니쿠야키교자焼き餃子(700엔)와 산토리에서 만든 프리미엄 몰츠라는 병맥주다. 1954년 문을 연, 교자소 무로의 군만두 만드는 방식(더불어 일본의 군만두를 만드는 방식)은 우리나라와 다르다. 소를 넣고 만두를 빚은 뒤 기름에 튀기다가 물을 붓고 뚜껑을 닫은 뒤, 마저 익히는 방식이기 때문에 겉은 바삭하고 속은 육즙으로 가득하다. 와카코는 주변 커플의 달달함도 개의치 않

고 교자가 지글지글 익는 소리에 집중한다. 와카코가 먹은 마늘만두 한가운데는 통마늘이 한 개 들어있다. 1954년 세상을 돌아다니던 재즈 드러머 출신 선대의 창업자가 자신의 입맛을 믿고 만든 여섯 종류의 만두를 선보이는 가게다. 미리 만들어 놓은 것이 아닌 주문을 받으면 만드는 방식을 고집하고 있다.

먹고 싶은 메뉴를 한 사람에게 딱 한 번만 주문받는 것은 많은 고객들을 받기 위한 배려라고 한다. 치즈 군만두도 인기다. 할아버지, 할머니 4명이 일하시는데 외국인과 이야기도 척척 잘 하신다. 특히 할머니 한 분의 영어 실력이 좋다. 내리막길 중간에 빨간색으로 물든 외관이 있어 눈에 잘 들어오는 가게다.

**Info**

**주소** 東京都新宿区高田馬場1-33-2 | **연락처** 03-3209-1856
**영업시간** 17:00~22:00(L.O 21:30) | **휴무** 일요일 | **홈페이지** gyouzasou-muro.com
**위치** JR 야마노테 선山手線 다카다노바바 역高田馬場駅戸山口 도보 2분, 도쿄 메트로東京メトロ 도자이 선東西線 다카다노바바 역高田馬場駅 도보 3분, 세이부 철도西武鉄道 세이부신주쿠 선西武新宿線 다카다노바바 역高田馬場駅 도보 2분
**구글맵검색** 교자소 무로 | **구글좌표** 35.710943, 139.703708

# 니쿠노 스즈키

## 肉のすずき

"멘치카츠 하나 주세요."

시즌1 제7화에서 와카코가 100% 소고기를 사용한 멘치카츠(230엔)를 테이크아웃해서 사먹은 곳이다. 그녀는 좁은 골목길 상점가를 걸으며 룰루랄라 원조멘치카츠元気メンチカツ를 음미한다. 1933년에 정육점을 시작한 니쿠노 스즈키는 현재 카레크로켓, 미니히레카츠, 게크림크로켓, 감자크로켓으로 유명한 집이 됐다. 니쿠노 스즈키는 본인들이 멘치카츠의 원조라고 한다. 이곳은 야나카 일대에서 굉장히 유명한 가게로 여기저기에 TV에 등장했던 모습을 프린트해 붙여 놓았다.

유리 쇼케이스 앞에 서서 무엇을 먹을지 천천히 골라보자. 방금 만든 것이면 혀가 데일 정도로 뜨겁고 보온 쇼케이스에 든 것을 받는다면 따끈한 정도일 것이다. 튀김은 바삭하고 일본산과 호주산 소의 허벅지살이 양파와 함께 채워진 충실한 내용물은 부드럽다. 영업시간은 6시까지이지만 4시 이전에는 가야 멘치카츠를 만날 가능성이 있다고 상점가 사람들은 이야기한다.

**Info**

**주소** 東京都荒川区西日暮里3-15-5 | **연락처** 03-3821-4526
**영업시간** 10:30~18:00 | **휴무** 월요일 · 화요일
**위치** JR 게이힌 도호쿠 선京浜東北線, 야마노테 선山手線, 조반 선常磐線 닛포리 역日暮里駅 서 출구西口 도보 5분, 게이세이 전철京成電鉄 게이세이 본선京成本線 닛포리 역日暮里駅 도보 5분, 도쿄 메트로東京メトロ 지요다 선千代田線 센다기 역千駄木駅 도보 5분
**구글맵검색** Niku-no-Suzuki | **구글좌표** 35.718397, 139.796774

# 오오타
## おお田

"겹겹이 포개진 층들의 하모니. 달걀말이는 모두가 좋아하지."

시즌1 제7화에서 와카코가 특제 국물과 달걀을 풀어 만든 달걀말이인 다시마키타마고だし巻き卵를 주문한 술집이다. 700엔의 다시마키 타마고는 의외로 손이 많이 가는 요리로 극중에서는 달걀말이 만드는 법을 시간을 들여 처음부터 끝까지 보여준다. 아내에게 부탁했다가 부침개나 오믈렛이 되어 부부싸움의 원흉으로 되는 실수를 하지 말고 도쿄에서 달걀말이의 진수를 느껴보자. 드라마의 요리하는 손이 바로 주인아저씨다. 와카코가 즐긴 술은 미야기 현宮城県 이치노쿠라 주조一ノ蔵酒造에서 만든 이치노쿠라一ノ蔵 특별 순미주다. 800엔의 잔술로 주문

해 음미했다.

주택가의 좁은 골목길에 위치하고 카운터석 여섯 자리와 테이블 하나를 놓고 노부부가 운영하는 오오타는 나폴리탄, 오므라이스, 초리조, 집에서 직접 만든 어묵과 방어 무조림도 유명하다. 장사를 시작한 지 30년 넘었다는 '오오타'는 배철수 씨를 닮은 주인아저씨 오오타 타카요시 씨의 성을 따서 만들었다. 술 취한 단골손님이 화장실에 대단한 녀석이 있다고 가볼 것을 권해 화장실 문을 열었더니, 뜨악한 것이 붙여져 있었다.

**Info**

**주소** 東京都文京区根津 2-31-1 | **연락처** 03-3828-1351
**영업시간** 18:00~00:30(L.O 23:30) | **휴무** 수요일
**위치** 도쿄 메트로東京メトロ 지요다 선千代田線 네즈 역根津駅 1번 출구 4분
**구글맵검색** 오오타 도쿄 | **구글좌표** 35.719853, 139.764465

# 홋카이테이
北海亭

"따끈한 튀김엔 차가운 맥주지!"

시즌2 제1화에서 와카코가 점원의 추천으로 먹게 된 안주는 전갱이 튀김이다. 이 가게는 모든 해산물을 산지 직송으로 받는 가게다. 홋카이테이의 가장 유명한 메뉴는 역시나 전갱이 튀김인 아지후라이アジフライ 정식(1080엔. 평일 런치 20식 한정 판매)이다. 어부가 그물이 아닌 낚시줄로 한 마리 한 마리 정성스레 잡은 전갱이를 반으로 갈라 밀가루를 묻히고 달걀에 풍덩 담갔다가 빵가루를 입혀 바삭하게 튀겨낸 녀석이다. 튀김의 맛을 살려주는 진한 소스를 선택하거나 담백하고 있는 그대로의 전갱이 맛을 즐길 수 있는 간장을 선택할 수 있다. 만약 달달하고 풍

부한 맛을 원한다면 잘게 썬 달걀과 피클 그리고 양파와 마요네즈로 만든 타르타르소스를 찍어서 기호에 맞게 먹으면 된다. 접시에는 토마토와 레몬이 한 조각씩 나와 입맛을 돋운다. 양배추는 산더미로 준다. 생선 특유의 비린내가 거의 없어 초밥 재료로도 애용되는 전갱이는 일본에서 튀김으로 매우 사랑받는 녀석이다. 전갱이는 중성 지방과 콜레스테롤을 감소시켜 동맥 경화를 예방해주니 기름기 있는 튀김 음식을 즐기는 부담감을 줄여준다.

**Info**

**주소** 東京都新宿区新宿 2-1-9 ステラ新宿ビルB1F | **연락처** 03-5379-5560
**영업시간** 월~금요일 11:30~14:30, 17:00~23:00(L.O. 22:00)
토요일 17:00~22:00(L.O. 21:00) | **휴무** 일요일 · 축일
**위치** 도쿄 메트로東京メトロ 마루노우치 선丸ノ内線 신주쿠교엔마에 역新宿御苑前駅 1번 출구 도보 1분
**구글맵검색** Hokkaitei | **구글좌표** 35.688756, 139.709286

# 오치코치
遠音近音

"살이 통통하고 부드러워 보여. 냄새를 맡고 레몬을 짜서."

시즌2 제3화에서 히로시마 특산물 판매점에 간 와카코는 유명한 술의 시식 코너를 보고 흥분해 그 길로 오치코치에 들어가 싱싱하고 뜨끈한 굴구이인 야키가키와 나카오 주조中尾酒造에서 만든 세이쿄誠鏡라는 술을 맛본다. 굴 구이는 다른 양념이 필요 없이 오롯이 굴의 맛을 느껴야 한다고 느끼는 와카코. 고향 친구와 함께 다시 한번 가게를 찾은 와카코가 메뉴로 고른 것은 히로시마 특산물 중 하나인 굴튀김, 카키후라이カキフライ다. 거기에 우미노 시즈쿠라는 술도 함께 음

미한다. 점심시간을 노려 약간의 반찬과 미소시루가 곁들여 나오는 카키후라이 정식(1000엔, 평일 런치 20식 한정 판매)으로 주문해 먹는 것도 좋다. 더욱이 런치 가격에 350엔을 추가하면 공기 밥을 굴밥으로 내어준다. 레몬을 뿌려 먹거나 타르타르 소스를 얹혀 먹어도 맛있다. 와카코는 레몬과 생선, 야채 등이 들어간 전골인 레몬 나베レモン鍋까지 주문해 즐긴다. 오치코치는 미야지마宮島의 붕장어, 토모노우라의 도미, 히로시마의 닭 등을 직송받아 사용한다. '세토우치와 히로시마의 맛을 긴자에서!'라는 점포의 슬로건이 딱 들어맞는다.

**Info**

**주소** 東京都中央区銀座1-6-10 銀座上一ビルディングB1 | **연락처** 03-5579-9812
**영업시간** 평일 11:30~15:00, 17:30~22:30 토요일 · 일요일 · 축일 11:30~15:00, 17:30~22:00
**위치** 도쿄 메트로東京メトロ 유라쿠초 선有楽町線 긴자잇초메 역銀座一丁目 6번 출구 도보 1분, 도쿄 메트로東京メトロ 마루노우치 선丸ノ内線,히비야 선日比谷線 긴자 역銀座駅 도보 5분, JR 야마노테 선山手線 유라쿠쵸 역有楽町駅 도보 5분
**구글맵검색** 오치코치 | **구글좌표** 35.674325, 139.767325

# 상그리아 아오야마점

## サングリア

"탱글탱글한 새우와 입안에 퍼지는 마늘과 올리브오일의 향."

시즌2 제4화. 친구와의 약속시간까지 여유가 있어 화사한 인테리어의 스페인 요리점에 들른 와카코는 탄력 있는 생햄을 얇게 썰어 내어주는 이베리코 하무, 바게트 빵을 바삭하게 구운 멜바 토스트에 발라 먹는 리버 페이스트Liver paste(소나 돼지의 간을 갈아 만든 식품으로 빵에 발라 먹거나 소시지 내용물로 넣기도 한다. 와카코가 먹은 것은 닭의 간을 간 것이다.), 거기에 세르메뇨 블랑코 화이트 와인과 세르메뇨 틴토 레드 와인을 추천받아 엔티크한 유리잔에 받아 음미한다. 다시 상그리아를 찾은 와카코는 새우

와 마늘을 넣어 고소한 올리브유에 끓인 에비가릭쿠 오이루야키와 바게트를 즐긴다. 바게트를 에비가릭쿠 국물에 찍어 먹으면 더욱 깊은 풍미를 느낄 수 있다. 와카코가 마신 'cava kairus brut'라는 카탈루냐 지방에서 많이 마시는 스페인 스파클링 와인까지 곁들이면 금상첨화다. 가게 입구는 와인병으로 한쪽 벽면이 가득하다. 와카코가 앉은 자리는 형형색색 작은 타일로 꾸며진 벽 자리다. 홀 중앙에는 작은 분수도 있을 정도로 인테리어에 신경을 썼다. 와카코가 여성향 가게라고 한 대사에 고개가 끄덕여지는 이유다. 점심 식사를 즐긴다면 안다루시아 런치(1850엔), 저녁에 방문한다면 발렌시아 코스(3800엔) 주문이 적당하다. 상그리아의 본점은 시즈오카 현에 문을 연 지 벌써 44년이나 됐고 아오야마점은 개업 7년이 된 분점이다.

**Info**

**주소** 東京都港区北青山3-5-14 青山鈴木硝子ビル2F | **연락처** 03-3478-2001
**영업시간** 11:00~00:00 | **휴무** 연중무휴
**위치** 도쿄 메트로 지요다 선千代田線 오모테산도 역表参道駅 A3 출구 도보 3분
**구글맵검색** Sangria Aoyama | **구글좌표** 35.666498, 139.713176

# 햐쿠방
## 百番

"노릇노릇한 여우 색깔! 나도 모르게 단면을 보게 된다."

시즌2 제5화. 와카코는 도고시긴자戸越銀座 상점가에 위치한 햐쿠방에서 기린 병맥주를 주문해 마신 뒤 만족감을 느낀다. 군만두와 물만두, 소룡포, 부추만두를 식탁에 두고 행복해하는 상상을 하다가 결국엔 노릇노릇 튀겨진 바삭바삭 수제 춘권(2개 320엔)을 선택한다. 그리곤 아무것도 찍어 먹지 않고도 순수한 식감을 즐길 수 있다고 극찬한다. 춘권에는 죽순과 돼지고기, 버섯, 파 등이 내용물로 들어가 있다. 드라마에서는 춘권 만드는 방법부터 와카코에게 서빙 될 때까지를 친절하게 오랜 시간을 들여 보여줬다. 창업한 지 60년이 훌쩍 넘은 햐쿠방에서

만드는 요리는 라멘 등 200종이 넘고 가격도 양에 맞게 적당한 편이다. 가게는 저녁에 점두에서 지역민들에게 반찬을 파는 것으로도 바쁘다.

**Info**

**주소** 東京都品川区戸越1-15-15 | **연락처** 03-3781-3791
**영업시간** 평일 11:30~16:00, 17:00~22:00 토요일 11:30~15:00, 17:00~22:00
일요일 · 축일 11:30~15:00, 17:00~22:00 | **홈페이지** 100ban.jimdo.com
**위치** 도에이 지하철都営地下鉄 아사쿠사 선浅草線 도고시 역戸越駅 A2출구 도보 2분,
도큐 전철東急電鉄 도큐 이케가미 선東急池上線 도고시긴자 역戸越銀座駅 4분
**구글맵검색** 하쿠방 | **구글좌표** 5.615177, 139.717526

# 사라리만 캇포 센쥬
## さらりーまん割烹 千寿

"회모둠과 조림에 구이까지? 고민이 되네."

시즌2 제6화에서 와카코가 포장마차에 가기 전 들른 가게다. 그녀는 이곳에서 삼치 사이쿄야키サワラの西京焼き를 즐긴다. DHA 함유량이 높고 살이 부드러운 삼치는 몸에 기름이 붙는 10월에서 2월까지 겨울이 가장 맛있는 등 푸른 생선이다. 드라마의 엔딩에 와카코의 내레이션 중 소개되어 자료 화면으로 등장한 음식은 오징어다리 버터야키인 이카게소노바타야키イカげそのバター焼き였다. 오징어다리 버터야키는 1일 4회밖에 주문받지 않아 예약이 많다고 한다. 주인이 매일 아침 어시장에 나가 생선을 사입해 와, 비교적 저렴한 가격에 음식을 내주는 정성

가득한 가게다. 와카코가 주방장의 추천을 받아 마신 술은 후쿠이 현 지역 술로 유명한 '코시노이소越の磯'라는 일본 술이다. 자리는 7명 정도가 앉을 수 있는 카운터석, 4인용 테이블 셋, 방 두개로 나뉘어 있다.

**Info**

**주소** 東京都千代田区内神田3-12-10 磯見ビルB1F | **연락처** 03-3254-3677
**영업시간** 평일 17:00~00:00(L.O. 23:30) 토요일 · 축일 17:00~22:00(L.O. 21:30) | **휴무** 일요일
**위치** JR 게이힌 도호쿠 선京浜東北線 야마노테 선山手線 주오 선中央線 간다 역神田駅 서 출구西口 도보 10초, 도쿄 메트로東京メトロ 긴자 선銀座線 간다 역神田駅 1번 출구 도보 1분
**구글맵검색** MQRC+F3 (도쿄) | **구글좌표** 35.691228, 139.770246

# 코후쿠엔
## 麻布長江 香福筵

"입에 넣은 순간부터 얼얼해지는구나. 하지만 멈출 수 없어."

시즌2 제5화에서 동료의 권유로 태극권을 배우게 된 와카코는 소질이 있다는 칭찬을 받고 기분이 좋아져 중화요리를 먹기로 한다. 그리곤 1997년 창업한 코후 으로 들어선다. 뜨거운 뚝배기에 나오는 매운 마파두부(1800엔)를 맛보는 와카코는 산초의 매운맛에 감동한다. 술은 중국술인 소흥주를 주문한다. 이곳 마파두부의 두부는 부들부들한 편이다. 드라마에 젊은 오너 셰프인 타무라 료스케 씨가 직접 출연해 와카코에게 주문을 받았다. 한 접시에 한 입의 행복이 있다는 주인장은 일본인인 자신을 필터로 사천요리를 즐겨달라고 매체와의 인터뷰를 통해

밝혔다. 코후쿠엔은 사천과 대만요리를 메인으로 한다. 다섯 가지 음식과 디저트를 맛볼 수 있는 3500엔의 런치 코스요리를 즐기는 것이 가장 경제적인 방문이다.

**Info**

**주소** 東京都港区西麻布1-13-14 | **연락처** 03-3796-7835
**영업시간** 화~금요일 11:30~14:30, 18:00~23:00(L.O. 22:30) 토요일 · 일요일 · 축일 12:00~14:30, 18:00~23:00(L.O. 22:30) | **휴무** 월요일 | **홈페이지** azabuchoko.jp
**위치** 도쿄 메트로東京メトロ 지요다 선千代田線 노기자카 역乃木坂駅 5번 출구 도보 8분
**구글맵검색** Azabu Choko Kofukuen | **구글좌표** 35.660589, 139.723363

# 메나무노 호토리 테라스 스퀘어점

メナムのほとり

"나마하루마키는 참 신기해.
새우, 면, 당근, 오이, 상추에 달콤하고 매콤한 녀석을 얹어서."

시즌2 제7화에서 와카코가 태국 프리미엄 맥주인 싱하맥주シンハービール(650엔, 세금 별도)와 함께 생춘권生春巻き(1개 360엔, 세금 별도), 냄비에 새우와 버섯, 레몬그라스에 매운맛이 나는 갈랑갈과 라임 잎, 고추 등의 재료를 넣어 맛을 낸 똠양꿍을 즐긴 태국 음식점이다. 생춘권은 매콤달콤한 소스를 쳐서 먹으면 된다. 기존의 튀겨진 춘권을 생각하면 오산이다. 이름은 춘권이지만 동남아식 쌈 채소라고 하는 편이 더 정확하다. 이곳은 태국이 주방장이 이끄는 점포다. 창업 후 몇 년 되지 않아 매우 깨끗하고 모던한 느낌을 준다. 다른 여러 점포들과 플로어를 공유하고 있어 들어오고 나서도 이곳이 맞나 하는 의구심이 들었다.

## Info

주소 東京都千代田区神田錦町 3-22テラススクエア2F | 연락처 03-5577-4494
영업시간 월~금요일 11:30~15:00, 17:30~23:00 토요일 11:30~15:00, 17:30~22:00
휴무 일요일 · 축일 · 연말연시
위치 도쿄 메트로 한조몬 선半蔵門線 진보초 역神保町 A9 도보 2분,
도에이 지하철都営地下鉄 미타 선三田線 진보초 역神保町 A9 도보 2분
구글맵검색 메나무노호토리 테라스스퀘어점 | 구글좌표 35.693519, 139.760149

# 운쟈미

うんじゃみ 海神

"오키나와 요리에는 역시 오리온 맥주지."

시즌2 제7화에서 와카코가 힘을 얻기 위해 간 오키나와 요리 전문점이자 술집이다. 오키나와 음식과 술을 다루는 만큼 오키나와라는 따듯한 곳을 이미지화한 서핑 보드 등 가게 외부부터 눈길을 끈다. 이곳에서는 계절에 어울리는 생선을 사용한 요리를 맛볼 수 있다. 와카코가 즐긴 안주는 길쭉하고 오톨도톨 돌기가 있는 여주라는 식물의 볶음인 고야찬푸루(780엔)다. 돼지고기에 두부와 여주를 볶은 안주인데 드라마 상에서는 돼지고기를 대신해 스팸이 등장했었다. 식재료 주문과 촬영 일정이 안 맞아서 스팸이 나온 것인지 아니면 내가 방문한 날 스팸이 떨어져 돼지고기가 나온 것인지는 알 수 없었다. 와카코가 안주와 함께 음미한 오키

나와에서 생산되는 오리온맥주オリオンビール(380엔)는 시원했다. 1957년부터 맥주를 생산해온 오리온맥주는 아사히, 기린, 삿포로, 산토리 등과 더불어 일본의 5대 맥주회사로 손꼽히는데 오키나와 현이 원산지인 만큼 오키나와 현에서는 맥주 점유율이 60%를 넘는다고 한다. 오리온 맥주는 쓰지 않고 목 넘김이 좋다. 와카코가 두 번째로 즐긴 술은 오키노히카리 주조에서 만든 겟토노하나라는 25도의 술로 술이 약한 사람도 쉽게 즐길 수 있다. 기본 안주인 380엔의 오토시가 강제로 나온다.

**Info**

⌂ **주소** 東京都中野区中野5-55-1 RG ビル 1F | ✆ **연락처** 03-5345-5836
🕓 **영업시간** 화~목요일 17:00~00:30 금요일 · 토요일 17:00~02:30
일요일 · 축일 16:00~23:30(영업시간은 때마다 유동적) | 📅 **휴무** 월요일
◎ **위치** JR 주오소부 선中央 · 総武線 나카노 역中野駅 북 출구北口 도보 4분,
도쿄 메트로東京メトロ 도자이 선東西線 나카노 역中野駅 북 출구北口 도보 4분
G **구글맵검색** Unjami | G **구글좌표** 35.708943, 139.666424

# 코쿠라쿠야

極楽屋

"감자샐러드에 어울리는 술이라 하면 우롱하이. 가격이 착하다."

시즌2 제8화. 와카코는 일본주에 우롱차를 섞은 우롱하이ウーロンハイ(350엔)와 포테이토샐러드(350엔)를 즐긴다. 마요네즈가 뿌려진 포테이토샐러드에는 오이와 방울토마토 한 개가 따로 곁들여진다. 동그랗게 으깬 감자 덩어리 안에는 햄과 당근도 들어간다. 와카코는 옆 테이블에서 마시는 홋피라는 맥주에 시선을 빼앗기고 홋피를 맛있게 음미할 수 있는 방법에 대해 귀 기울여 듣는다. 그리고 끝내 옆 테이블 남자들에게 홋피 맥주를 한 잔 얻어 마신다.

저렴한 가격을 지향해 의무적으로 시켜야 하는 기본 안주가 없는 코쿠라쿠야

는 오래된 포스터들이 벽에 붙여진 옛날 쇼와 분위기로 나카노 핫켄요코쵸라는 술집 밀집 지역에 위치하고 있는데 시즌2 제7화에 방송된 운자미라는 가게와도 가깝다.

ホッピ

**Info**

**주소** 東京都中野区中野5-35-8 新東京アパートA B1F | **연락처** 03-3385-1212
**영업시간** 월~토요일 16:00~01:00 일요일 · 축일 15:00~00:00
**위치** JR 주오소부 선中央 · 総武線 나카노 역中野駅 북 출구北口 도보 2분, 도쿄 메트로東京メトロ 도자이 선東西線 나카노 역中野駅 북 출구北口 도보 2분
**구글맵검색** Gokurakuya | **구글좌표** 35.707257, 139.666663

# 칸즈메 킹콩캉
## 缶詰バー キンコンカン

"맛있어. 마요네즈의 진함과 참치의 기름에 양파까지 상큼해."

시즌2 제8화에서 와카코가 츠나칸 마요야키ツナ缶マヨ焼き와 기린에서 후지산 인근의 물로 만든 후지산로쿠 하이보루富士山麓ハイボール 술을 음미한 곳이다. 입구 문에 〈와카코와 술〉 포스터가 큼지막하게 붙어 있다. 선반에는 80종 이상의 통조림을 상시 구비하고 있다. 술의 종류도 어마어마하다. 와카코가 마신 후지산로로쿠 하이보루(480엔, 세금별도.)와 츠나칸 마요야키(500엔, 세금별도.)를 주문해 보자. 통조림을 주문하면 기름을 제거하고 채 썬 양파를 올린 뒤 마요네즈를 뿌려 가스토치 불로 표면을 익힌 뒤 먹음직스럽게 나온다. 고래 고기 통조림까지 있다니 대단

하다. 40대로 보이는 여점장님이 안주를 내오며 친절하게 말을 걸어오신다. 이 점장님이 드라마 엔딩에서 점포 소개 타임에 "꼭 와주세요."라고 인사하던 가운데 중년 여성이다.

**Info**

**주소** 神奈川県横浜市中区花咲町 2-63 ノグ桜木町 1F | **연락처** 045-241-9550
**영업시간** 17:00~00:00 | **휴무** 비정기적인 휴무
**위치** JR 네기시 선根岸線 사쿠라기초 역桜木町駅 남쪽1출구南1出口 도보 1분
**구글맵검색** 칸즈메 킹콩캉 | **구글좌표** 35.449768, 139.629738

# 보루가

ぼるが

"꼬치구이로 먹는 두툼한 혀도 좋구나."

시즌2 제11화에서 와카코가 회식 장소를 탐색하러 왔다가 돼지고기 염통과 혀 꼬치구이(소금)와 생맥주를 즐기게 된 곳이다. 숯불로 굽는 꼬치구이는 뿌려진 소금구이로 먹을지 양념 꼬치구이로 먹을지 물어본다. 식욕이 돋은 와카코는 돼지 머리 고기와 돼지 간 꼬치구이(양념)를 주문하기에 이른다.

〈와카코와 술〉 포스터는 2층 벽면에 붙어 있다. 1949년에 오모이데 요코쵸라는 술집 밀집 지역에 창업했다가 9년 뒤 오모이데 요코쵸가 있는 지역의 큰길 건너의 현재 장소로 확장 이전했다. 영화 관계자들이 많이 찾아와 쉬던 술집이라 영화 포스터들이 많이 붙어 있다.

## Info

주소 東京都新宿区西新宿1-4-18 | 연락처 03-3342-4996
영업시간 17:00~22:00 | 휴무 일요일 · 축일
위치 도에이 지하철都営地下鉄 오에도 선大江戸線 신주쿠니시구치 역新宿西口駅 D4출구 도보 1분
구글맵검색 MMVX+69 (도쿄) | 구글좌표 35.693108, 139.698492

# 신상요
## 新三陽

"추천 요리인 소고기와 피망을 볶은 친쟈오로스가 어때요?"

시즌3 제2화. 그동안 풍경의 일부로 지나치던 가게 신상요에 들어선 와카코가 여주인의 추천을 받아 먹은 것은 친쟈오로스青椒肉絲(1200엔)로 소고기와 죽순, 피망을 기름지게 볶은 우리나라의 고추잡채 같은 음식이다. 와카코는 빨간 에비치리海老チリ(1000엔)도 음미한다. 점내 벽에 걸린 메뉴 일러스트가 재밌는데, 이것은 단골손님이 만들어 선물해준 것이라고 한다. 하얀 주방장 옷을 입은 점주 마에

다 키요지前田清治 씨가 바삐 움직이는 모습을 카운터석에서 구경할 수 있다. 그는 아내인 유리코 씨와 함께 일하고 있다. 1998년 개업했으니 20년이 넘었다. 70세 정도로 보이는 주인아저씨는 친쟈오로스를 시키자 900엔의 정식으로 먹으라고 하셨다. 와카코가 이런 가게에 어울리는 건 병맥주라며 음미한 술은 삿포로 맥주 쿠로라벨黒ラベル이었다.

**Info**

**주소** 東京都北区田端2-1-18 | **연락처** 03-3823-0434
**영업시간** 11:30~14:30, 17:30~21:00(일요일 및 축일은 20:30에 문을 닫음) | **휴무** 수요일
**위치** JR 야마노테 선山手線 다바타 역田端駅 남 출구南口 도보 7분
**구글맵검색** 신상요 | **구글좌표** 35.733547, 139.758831

# 우오사다
魚貞

"이런 날엔 그곳에 가자! 점원도 손님도 익숙한 가게."

시즌1 제1화를 시작으로 무수히 많은 장면에 등장한 가게다. 와카코가 위로받고 힘을 얻기 위해 자연스레 발걸음을 옮겨 자주 등장한 단골집 우오사다다. 여러 안주와 술을 추천받아 와카코가 먹던 곳이라 팬들에게 매우 익숙하다. 시즌2 제10화에서 와카코는 "나에게 집 음식이라고 한다면 고기두부肉豆腐다. 매콤달콤한 국물은 추억의 맛이다."라며 우오사다의 고기두부를 극찬했다. 표고버섯과 반숙달걀과 채소가 결합한 고기두부조림을 받으며 집 생각이 나는 와카코. 그녀가 마신 술은 목 넘김이 좋고 깔끔한 노토준마이라는 술이다. 주인이 와카코에게 무료로 준 이사미라는 술도 있다. 시즌2 제11화에서 먹었던 미디엄 레어로 만든 명

란젓구이의 맛과 시즌3 제1화의 죽순구이의 향도 매우 궁금하다.

드라마에 등장한 음식 모두 주인인 이시카와 히로유키 씨가 만든 요리들이다. 3년에 걸쳐 여러 번 촬영하다보니 와카코 역의 여배우가 훨씬 성숙해지고 예뻐졌고 촬영 스태프들은 촬영이 아니더라도 와서 매상을 올려줘 기뻤다고 하신다. 놀랄 만한 일은 일주일 전에도 와카코 역을 맡은 여배우가 촬영이 아닌 그냥 식사하러 왔었다고 귀띔해 주셨다. 참고로 나는 이 가게의 영업 시간을 넘어 방문했지만 한국에서 드라마를 보고 왔다고 하자 술이라도 내어줄테니 앉으라고 하신 터였다. 와카코가 마신 술을 마셨는데 술값도 안 받겠다고 하시는 것을 억지로 주인아주머니인 토모코 씨에게 건네니 그럼 반값만 받겠다고 술값의 반을 돌려주셨다. 시즌3 제10화에서도 등장한 일본주 병이 촬영 후 이 가게에 남았는데 그 병을 들고 나타나셔서 사진 찍으라고 하시며 〈와카코와 술〉 정식 엽서도 한 장 선물로 주셨다. 한국인들이 우리 가게에 많이 놀러온다고 자랑하시는 아저씨의 모습이 귀엽다. 인스타그램을 사용하셔서 한국 사람들이 본인 가게를 올리면 답

장도 해주신다고.

와카코가 먹던 소고기는 일본 흑모의 란푸(소의 엉덩이와 허리 사이 부위로, 기름기가 적고 부드러운 육질이 특징이다.)라는 부위를 사용한다고 한다. 방송 이후 주인장은 혼술을 하러 오는 여성 고객이 들어올 때면 "오! 실제의 와카코다."라고 느낄 때가 있다고 한다. 본 점포가 유명해진 것은 고래 고기를 먹을 수 있다는 것 때문이었다. 가이드북을 잘 만들라고 격려해주며 영업시간이 지났는데도 특별히 받아주셨던 우오사다의 힘이 넘쳐 보이는 사장님과 자상한 사모님 덕분에 마치 와카코가 된 듯, 힘을 받고 돌아갈 수 있었다.

Info

주소 東京都渋谷区幡ヶ谷2-8-13 | 연락처 03-3374-3305
영업시간 11:30~13:30, 17:00~23:30 | 휴무 일요일
위치 게이오 전철京王電鉄 게이오 선京王線 하타가야 역幡ヶ谷駅 북 출구北口 1-2분
구글맵검색 MMHG+5Q (도쿄) | 구글좌표 35.677924, 139.676998

# 모츠야키 덴 나카메구로점
## もつ焼き でん 中目黒店

"이 귀여운 둥그런 모양이 술꾼들의 압도적 지지를 얻는 건가?"

시즌3 제4화에서 와카코가 마카로니샐러드(300엔)와 쇼츄하이보루(약칭 츄하이로 많이 불린다)를 먹고 마시던 가게다. 나카메구로 강에서 옆으로 발길을 돌리면 멀지 않은 곳에 가게가 있다. 가게로 접근하면 고기 굽는 냄새가 진동한다. 이 가게는 소주를 슬러시 형태로 컵에 3분의 1정도를 주며 병에 든 탄산수를 줘서 알아서 희석해 마시라고 제공한다. 마카로니샐러드는 후추 양념이 진한데, 부드럽고 달콤한 마카로니와 마요네즈의 맛과 식감이 좋다. 가게의 메뉴판에 굳이 '자신 있는 메뉴'라는 코멘트를 넣은 것이 과언이 아니다. 정작 이 집의 간판 메뉴는 내장꼬

치구이와 푹 끓인 소고기조림(450엔)이다. 전체적으로 안주의 가격이 저렴하다. TV를 높은 곳에 설치해두었는데 다들 경마를 보고 있다. 흡연 가능한 점이 아쉽다.

**Info**

**주소** 東京都目黒区青葉台1-30-14 山口ビル1F | **연락처** 03-6303-4471
**영업시간** 평일 16:00~23:00(재료 소진 시까지)
토요일 · 일요일 14:00~23:00(재료 소진 시까지) | **휴무** 연중무휴
**위치** 도쿄 메트로東京メトロ 히비야 선日比谷線 나카메구로 역中目黒駅 동 출구東口 도보 5분
**구글맵검색** Motsuyaki Den Nakameguro | **구글좌표** 35.646649, 139.696476

# 쟌쟌 꼬치구이

## 串かつジャンジャン

"소스에 푹 담가서 흠뻑 적셔야지."

시즌3 제4화에서 와카코는 이번 달 월세를 올려줘야 한다며 쪼들린 주머니 사정에 한숨을 쉰다. 그러다 굉장히 저렴한 가격을 보고 놀라 딱 한 잔은 괜찮겠지 하며 쟌쟌 꼬치구이로 들어선다. 슬레이트 외관의 가게로 들어선 와카코는 꼬치튀김과 아스파라거스튀김 그리고 상쾌한 레몬하이 술을 주문한다. 드라마 이야기를 하며 들어서자 와카코가 앉은 카운터석 자리에 안내해주셨다.

튀김을 시키면 양배추와 양배추를 찍어 먹을 수 있는 소스가 나온다. 양배추

를 반쯤 먹고 남은 걸 다시 소스에 찍어 먹지 말라는 안내문이 있다. 한마디로 소스가 공용이니 침 묻은 양배추를 다시 소스에 담그지 말라는 것. 이곳의 튀김은 겉은 바삭하고 속은 부드러운데 튀김옷에 참마를 섞어 만든다고 한다. 와카코는 옆 테이블에서 톤가리를 주문하는 소리를 듣고 이 집의 명물이라는 톤가리豚ガリ까지 섭렵한다. 톤가리는 돼지고기에 생강을 넣어 튀긴 녀석이다. 톤가리는 단골 손님이 제안해 만든 세상에서 단 하나뿐인 이 가게의 오리지널 메뉴다.

〈와카코와 술〉 시즌3의 대본에 사인까지 받아 벽면 한 쪽을 장식하고 있었다. 주인인 야쿠자 느낌의 풍모를 지닌 타카하시 씨는 드라마에도 등장하는데, 연기할 때 묘한 기분도 들고 주인공 아가씨가 너무 귀여워서 자신도 모르게 보고 있다가 NG를 한 번 냈다고 한다. 20대를 미국에서 카메라맨으로 보냈다는 타카하시 씨가 NG라니. 드라마 이전에는 가게에 만화편집부원 분들이 많이 오셔서 어떤 만화의 배경이 되기도 했다고 한다. JR 기치조지 역에서吉祥寺駅에서 니시오기쿠보 역西荻窪駅으로 향하는 고가철도 길을 쭉 따라가면 코너에 꼬치구이집이

등장한다. 타카하시 씨의 누나가 5년간 부산에 산 적이 있어서 한국이 가깝게 느껴지신다고 한다. 게다가 부산에서 매우 유명한 카페를 운영하는 한국인 손님이 SNS에 쟌쟌 꼬치구이를 올려서 한국 손님들이 많이 오게 되었다는 이야기도 해주셨다. 부산에서 카페 운영하시는 여사장님에게 꼭 고맙다는 말을 전해달라고 하신다. 가게는 어머니와 함께 운영하다가 연로하셔서 이제는 본인이 운영하신다는 타카하시 씨는 외모와는 달리 따뜻한 마음의 소유자였다. 이 가격으로 도쿄에서 가게를 유지할 수 있을까 싶을 정도로 착한 안주의 가격은 더 따뜻하게 만들었다.

## Info

주소 東京都武蔵野市吉祥寺本町1−38−1 | 연락처 0422−29−7047
영업시간 18:30~02:00 | 휴무 월요일
위치 JR 주오소부 선中央・総武線 기치조지 역吉祥寺駅 중앙 출구中央口 도보 9분, 게이오 전철京王電鉄 이노카시라 선井の頭線 기치조지 역吉祥寺駅 도보 9분
구글맵검색 잔잔 꼬치구이 | 구글좌표 35.703559, 139.586614

# 도로마미레
どろまみれ

"입안에서 녹아 에너지가 몸에 퍼진다."

시즌3 제5화. 와카코는 스태미나 운운하며 자기관리를 위해 간꼬치구이를 먹으려 한다. 그런데 점원으로부터 굉장히 귀한 하얀 간이 마침 들어왔다는 이야기를 듣고 지역 수제 맥주인 사사즈카 병맥주笹塚ビール(800엔)와 함께 주문해 키모레아キモレア(580엔)를 즐긴다. 마스모토야에서 만든 사사즈카 맥주는 이 지역 인근에서만 즐길 수 있는 지역 한정 맥주다. 드라마 이야기를 하자 와카코가 앉은 카운터 석으로 안내받았다. 젊은 주인장 오가와 씨에게 와카코가 먹었던 하얀 간을 부

탁했지만 지금은 무리란다. 드라마에서의 대사로도 나왔지만 하얀 간白レバー이 매우 귀한 것이기 때문이다. 간에 지방이 많은 것을 일컫는데 이는 간에 지방이 낀 닭을 찾기가 쉽지 않기에 마침 지방이 낀 간을 가진 녀석이 입수되었을 때 가게에 오는 손님은 행운이 가득한 사람이라고 한다. 지방이 끼었든 아니든 키모레아 야키는 숯불에 살짝 구워 매우 맛있다. 불에 살짝 겉만 익혀 비리지 않을까 걱정했지만 고소하기만 하다. 오토시는 480엔으로 슈마이 한 개가 나왔다. 껍질을 까지 않은 땅콩에 젓가락을 놓는 센스가 기가 막힌 집이다. 2층으로 올라가는 계단에 〈와카코와 술〉 포스터가 붙어 있다. 직접 재배한 채소를 사용하는 집이다.

**Info**

**주소** 東京都世田谷区北沢 5-34-11 | **연락처** 03-6407-9947
**영업시간** 17:00~01:00(L.O. 00:00) 일요일 · 축일 17:00~23:00(L.O. 22:00) | **휴무** 월요일
**위치** 게이오 전철京王電鉄 게이오 선京王線 사사즈카 역笹塚駅 남 출구南口 도보 5분
**구글맵검색** Doromamire | **구글좌표** 35.671405, 139.668523

# 아카사카 요시다
## 赤坂よ志多

"닭의 맛과 육즙이 퍼지는 동시에 멘치의 맛이 쫓아온다."

시즌3 제8화는 닭 날개의 중간 뼈를 제거하고 그 속을 채워 튀겨낸 닭날개만두인 데바교자手羽餃子(1개 239엔)와 함께 가게에서 직접 만든 병맥주 '산쿠토가렌サンクトガーレン'을 즐기는 와카코의 모습을 그린다. 닭 날개 윗부분의 뼈를 빼고 만두소를 넣는 이 콜라보를 누가 생각해낸 것일까? 닭고기로 소를 한 닭고기 만두도 있다. 다만 점심에는 런치 메뉴를 판매하기 때문에 닭날개만두는 저녁에만 만나볼 수 있다. 카운터석, 테이블석, 개실이 마련되어 있다.

**Info**

⌂ **주소** 東京都 港区 赤坂 2-14-12 高橋ビル1F | ✆ **연락처** 03-3583-5046
◷ **영업시간** 11:30~14:00, 17:00~00:00(L.O. 23:00) | **휴무** 일요일 · 축일
◎ **위치** 도쿄 메트로東京メトロ 지요다 선千代田線 아카사카 역赤坂駅 2번 출구 도보 2분
G **구글맵검색** MPCQ+P6 (도쿄) | G **구글좌표** 35.671801, 139.738038

# 오리하라 상점

## 折原商店

"직접 술을 고를 수 있다니 뭔가 두근두근거려."

시즌3 제9화에서 와카코는 직접 사서 그 자리에 서서 마시는 카쿠우치 스타일로 한정품인 키린잔이라는 회사에서 만드는 포타리포타리키린잔ぽたりぽたりきりんざん이라는 술을 음미한다. 그러면서 옆 테이블의 어묵과 오리고기 햄인 카모하무鴨ハム를 안주로 먹는 아저씨의 모습에 시선이 고정된다. 안주가 당기는 와카코는 결국 상어 연골을 매실에 버무린 안주인 우메스이쇼를 주문해 먹는다. 그것에 멈추지 않고 회사 동료에게 줄 선물용 술로 과일향이 나는 사이야주조齋彌酒造의 유키노보사雪の茅舎를 구입한다. 오뎅과 오리고기 햄을 비롯한 안주 몇 가지와 옛날 과자 등을 저렴하게 판매하고 있다. 잔술로 맛보려면 큰 잔(110ML–550엔,

50ML–300엔)에 마실 것인지 작은 잔에 마실 것인지 묻는다. 물론 가격 차이가 있다. 잔술을 팔아 장사가 될까 하는 걱정은 기우였다. 많은 관광객들이 안주 하나에 잔술 한 잔을 주문해 서서 음미하며 여유를 즐기고 있었다.

ほたり|ほたりきりんさん

**Info**

**주소** 東京都江東区富岡1–13–11 折原門仲ビル1F | **연락처** 03–5639–9447
**영업시간** 10:30~22:00 | **휴무** 연중무휴
**위치** 도쿄 메트로東京メトロ 도자이 선東西線 몬젠나카초 역門前仲町駅 1번 출구 도보 1분
**구글맵검색** 오리하라상점 | **구글좌표** 35.671872, 139.797576

# 야시로

やしろ食堂

"흰색과 노란색의 콘트라스트.
노른자 두 개의 귀여움이라니 너무 아름다워."

시즌3 제9화. 빨간 테이블에 초록색 의자가 매우 오래된 식당이라는 분위기를 풍긴다. 유리 쇼케이스 위에 미리 구워놓은 여러 종류의 생선구이가 손님들의 시선을 끈다. 햄이 들어간 달걀프라이인 메다마야키와 따뜻한 보리소주를 주문한다. 메다마야키目玉焼き는 노른자를 깨지 않고 지져 반숙으로 나온다. 메다마야키 밑에는 채 썬 양배추가 깔린다. 아쉬움에 가득 찬 와카코는 돼지고기생강구이인 부타니쿠쇼가야키를 아사히 병맥주와 즐긴다.

극중에 나온 메다마야키(160엔)를 주문하니 햄이 없어서 주인 할머니에게 여

줘보았다. 드라마에서는 메다마야키라고 했지만 그 음식의 가게 정식 명칭은 하무에그ハムエッグ(210엔)라고 하셨다. 때문에 달걀프라이는 먹었는데 햄을 먹지 못한 격이 됐다. 필자의 아쉬움을 독자분들이 풀어주길 바란다. 메다마야키가 아닌 하무에그로 주문하는 것을 잊지 말자.

**Info**

**주소** 東京都杉並区方南2-12-29 | **연락처** 03-3313-6010
**영업시간** 평일 11:00~22:00 토요일 11:00~22:00 축일 11:00~21:00 | **휴무** 일요일
**위치** 도쿄 메트로東京地下鉄 마루노우치 선丸ノ内線 호난초 역方南町駅 2번 출구 도보 1분
**구글맵검색** 야시로 식당 | **구글좌표** 35.682735, 139.658158

# 유키다루마 나카노베야 하나레
## ゆきだるま 中野部屋 はなれ

"이것이 저희 가게의 자랑인 아이슬란드산 양고기입니다."

시즌3 제10화에서 와카코가 '칭기즈칸 1인 세트'와 산뜻하고 향이 좋은 홋카이도산 레드 와인을 주문해 먹고 마시던 가게다. 칭기즈칸 1인 세트(963엔)를 시키면 양고기 네 점에 양파, 푸른 고추인 시시토우, 피망이 곁들여 화로의 사이드에 위치해 나온다. 돔 형태의 화로가 귀엽다. 잡내가 없는 아이슬란드산 양고기는 미디엄 레어가 가장 맛있게 먹는 방법이라고 하니 적당히 구워 소스나 간장 혹은 소금을 쳐서 먹어보자. 근데 곰곰이 생각해보니 추운 지방인 아이슬란드에 양들이 뛰어놀 수 있는지 궁금증이 인다. 북극곰 고기라면 아이슬란드에 어울리겠지만 양고기가 아이슬란드에서 생산이 되어 일본까지 수입되어 들어온다니 놀랍다. 이름이 똑같은 음식점이 근처에 있으니 주의하자.

**Info**

**주소** 東京都中野区中野2-26-10中村ビル3F | **연락처** 03-6323-6350
**영업시간** 화~금요일 17:00~00:00 토요일 · 일요일 16:00~00:00 | **휴무** 월요일
**위치** JR 주오소부선中央 · 総武線 나카노 역中野駅 남 출구南口 도보 3분,
도쿄 메트로東京メトロ 도자이 선東西線 나카노 역中野駅 남 출구南口 도보 3분
**구글맵검색** 유키다루마 나카노베야 하나레 | **구글좌표** 35.704215, 139.666041

## # Story

프리랜서 작가인 메구미는 어느 날 편집자로부터 재미있는 일거리를 제안 받는다. 그것은 일반인 남성들이 고른 식당에 가서 함께 맛있게 밥을 먹고 남자들에게 유혹당해 오라는 콘셉트의 프로젝트다. 그리고 데이트한 내용을 기사로 쓴다. 데이트는 어디까지나 일이고 절대 넘어가면 안 된다는 신신당부와 함께 신청자의 프로필을 건네받아 만남을 이어간다. 메구미는 기획된 데이트로 친절하게 대해주는 이 남자들에게 금방 반해버린다.

# #4

# 여자 구애의 밥

おんなくどきめし

드라마 | MBS 시즌 1~2 방영

# 쿤비라

## クンビラ

"태어나서 처음 먹어보는 맛이에요."

제2화에서 메구미와 정신 사나운 연하의 데이트 상대가 히말라야전골을 먹은 네팔 요리점 쿤비라. 시금치 반죽으로 야채와 치즈를 두른 야채춘권이라 할 수 있는 쿤비라롤은 쿤비라의 오리지널 메뉴로, 쫀득한 겉피와 야채의 아삭함과 상큼함이 일품이다. 메구미도 맛을 극찬한다. 두 남녀는 둥그렇고 긴 빵 안에 버터가 녹아 담긴 쿤비라 오리지널 메뉴 히말라야튤립ヒマラヤンチューリップ이라는 음식에도 기쁨을 감추지 못한다. 밑에 깔린 으깬 감자가 버터와 만나 궁합이 좋다. 주인공들이 즐긴 메인 요리는 역시 닭이 통으로 들어가고 각종 야채가 듬뿍 들어

간 닭 야채 전골인 히말라야나베ヒマラヤ鍋. 이 음식에는 히말라야 암염을 곁들여 먹기를 추천한다고. 주인장이 직접 식재를 사러 히말라야에 갈 정도로 열의가 대단하다고 한다. 건물 내외부의 장식품은 물론 일하는 스태프 모두 네팔 사람들로 꾸려 이국적인 정서가 가득 풍기는 점포다. 점포명은 창업자 여주인의 이름이기도 하다.

**Info**

**주소** 東京都渋谷区恵比寿南1-9-11 | **연락처** 03-3719-6115
**영업시간** 평일 11:30~14:30, 17:00~22:30(토요일 · 일요일 · 축일은 15:00~17:00 사이 티타임 운영)
**휴무** 연중무휴 | **위치** JR 야마노테 선山の手線 에비스 역恵比寿駅 서 출구西口 도보 2분
**구글맵검색** Khumbila tokyo | **구글좌표** 35.645830, 139.708833

# 나카메구로 쿤세이 아파토멘토

nakameguro 燻製 apartment

"여자를 유혹하는 건 치즈일지도 몰라."

제3화에서 메구미는 대학생 데이트 파트너와 훈제쁘띠토마토와 훈제키친 카나페, 훈제치즈퐁듀, 달걀덮밥 그리고 마지막으로 디저트로 매우 단 퐁당쇼콜라(650엔)와 마카롱을 즐긴다. 훈제키친카나페는 과자 크래커와 홋카이도산 명란젓과 가리비 그리고 노르웨이산 연어의 모둠 요리다. 가리비에는 엑스트라버진오일이 곁들여져 있어 더 고소한 맛이 난다. 오토시로는 견과류가 나왔다. 사실 이 가게 앞에 섰을 때 이곳이 가게가 맞나 하는 의구심이 들었다. 일반 맨션처럼 생겼는데 안에 들어가니 매우 어두운 분위기여서 술집 느낌이 났다. 매우 조용한 느낌의 술집이랄까. 메구미가 말한 귀여운 느낌의 인테리어로는 느껴지지 않았고,

가게 분위기는 어두운 음의 기운이 가득했다. 건물 바깥만 보면 주인이 아파트라는 이름을 가게 이름에 넣은 것이 이해가 됐다. 잘생긴 젊은 남자 직원들만 일하는 가게여서 그런지 손님들이 거의 대부분 여성들이었다.

**Info**

**주소** 東京都目黒区中目黒1-1-52 | **연락처** 03-5725-8391
**영업시간** 월~토요일 17:00~23:30(음식 L.O. 22:30, 음료 L.O. 23:00) 금요일 · 축일 전날 18:00~01:00 (L.O. 00:00) 축일 · 일요일 17:00~23:30(음식 L.O. 22:30, 음료 L.O. 23:00) | **휴무** 비정기적 휴무
**위치** 도큐 전철東急電鉄 도큐 도요코 선電鉄東横線 나카메구로 역中目黒駅 동 출구東口 도보 5분, 도쿄 메트로東京メトロ 히비야 선日比谷線 나카메구로 역中目黒駅 도보 5분
**구글맵검색** 나카메구로 쿤세 아파트 | **구글좌표** 35.644586, 139.702300

# 박카보
## 爆香房

"뜨거운 칠리소스와 탱글탱글한 새우 그리고 고소한 누룽지!"

시즌2 제2화. 건전한 성격과 슬림한 몸매의 택배 기사 오가사와라 야마토가 선택한 가게는 약선 전골 요리를 즐길 수 있는 지유가오카의 박카보였다. 여자와의 데이트가 서툴지만 신경 써주는 야마토에게 메구미는 점차 매료된다. 이들은 중국식 만두인 소룡포, 흑초와 중국간장으로 소스를 만든 흑탕수육인 쿠로스부타(1200엔), 바삭한 누룽지와 칠리새우(980엔), 빨간 국물과 파란 수프가 따로 반으로 나눠져 나오는 샤브샤브 전골인 메이후샨을 즐긴다. 메이후샨의 초록 국물 두 국

자와 빨간 국물 한 국자를 섞어 음미하면 최고의 조합이 된다. 1인당 2800엔의 스페셜 프라이스를 선택하면 주인공이 선택한 음식 모두 맛볼 수 있다.

**Info**

**주소** 東京都世田谷区奥沢 6-33-14 第2シーランドビルB1 | **연락처** 03-5758-3829
**영업시간** 11:30~15:00(L.O. 14:30), 17:30~23:00(L.O. 22:30)
일요일 · 축일 11:30~15:00, 17:30~22:00(L.O. 21:30) | **휴무** 화요일
**위치** 도큐 전철東急電鉄 도큐 도요코 선東急東横線 도큐 오이마치 선東急大井町線
지유가오카 역自由が丘駅 정면 출구正面口 도보 4분
**구글맵검색** BAC-KA BOU tokyo | **구글좌표** 35.606084, 139.666187

# 다오타이

## ダオタイ阿佐ヶ谷本店

"새우어묵튀김, 너무 맛있어서 맥주가 계속 들어가는 녀석이네."

시즌2 제5화. 23세의 무뚝뚝한 뮤지션 마에다 슈고가 선택한 곳은 아사가야의 본격 태국요리를 맛볼 수 있는 음식점 다오타이이다. 매력 있는 나쁜 남자는 간바야시에게 관심 밖 스타일. 그러나 조금씩 마음을 열기 시작하는데. 이들은 단맛과 신맛과 매운 맛이 섞인 파파야샐러드인 소무타무ソムタム(860엔), 부드럽고 매콤한 식감이 돋보여 안주로도 좋은 한 입 크기의 새우식빵, 매실과 칠리소스를 섞은 소소를 찍어먹는 새우어묵튀김인 에비노사츠마아게海老のさつま揚げ, 스위트 칠리

소스를 찍어먹는 생선어묵튀김인 사카나노사츠마아게魚のさつま揚げ, 똠얌꿍라멘クイッティオトムヤム, 타르트, 하얀 타피오카코코넛밀크タピオカココナッツミルク(520엔)를 즐긴다. 가게 밖 입간판에는 드라마에 가게가 등장한 장면을 캡처해 붙여 놓았다.

**Info**

**주소** 東京都杉並区阿佐ヶ谷南3-37-6 ミヤコビル | **연락처** 03-6768-1199
**영업시간** 평일 17:00~23:30, 토요일 · 일요일 12:00~15:00, 17:00~23:30 | **휴무** 연중무휴
**위치** JR 주오 선中央線 아사가야 역阿佐ケ谷駅 남 출구南口 2분
**구글맵검색** 다오타이 도쿄 | **구글좌표** 35.704172, 139.634912

# ZONA ROSA

## 恵比寿

"고소한 치즈와 나초스."

시즌2 제7화. 초등학교 교사와 에비스에 있는 멕시칸 요리점에서 데이트를 즐기게 된 간바야시. 초등학교 교사이면서 비주얼 좋은 꽃미남이지만 이상하게 웃는 얼굴과 느끼한 태도에 살짝 당황한다. 멕시코 요리 전문점인 조나로사에서 이들은 살사소스, 크림아보카도딥, 할라페뇨가 올려진 나초스, 다진 고기와 콩이 들어간 칠리그라탱인 엔칠라다, 일주일간 양념에 숙성시켜 달면서 매운 등갈비인 조나로사의 대표메뉴 스페아리브, 토르티야에 바나나를 감싸 튀겨 생크림 그리고 아이스크림과 함께 먹는 바나나미찬가, 멕시코 대표 술인 데킬라를 즐긴다.

영업 시작 한참 전 30대의 젊은 점장이 가게를 안내했다. 그는 대만에서 칸지야 시오리의 팬들이 자주 찾아온다고 전했다. 물론 〈여자 구애의 밥〉 DVD 세트도 구비하고 있었다. 매우 깔끔한 내관에 가게의 역사가 그리 오래되지 않을 것이라 생각했지만 벌써 20년 이상 장사를 하고 있다고.

## Info

주소 東京都渋谷区恵比寿1-12-5 安島ビルB1F | 연락처 03-3440-3878
영업시간 월~목요일 18:00~00:00 금요일 18:00~03:00 토요일 17:00~23:30 일요일 17:00~23:00
위치 JR 야마노테 선山手線 에비스 역恵比寿駅 동 출구東口 도보 2분,
도쿄 메트로東京メトロ 히비야 선日比谷線 에비스 역恵比寿駅 도보 4분
구글맵검색 조나 로사 에비스 | 구글좌표 35.646700, 139.712159

# Story

칸타로는 출판사 영업부 직원이라 영업을 뛰러 나가는 일이 잦다. 일을 마친 그는 영업 지역 인근의 유명한 디저트 가게들을 돌며 맛있는 간식을 섭렵한 뒤 자신이 운영하는 디저트 블로그에 글을 올리는 대담함을 보여준다. 그러한 그의 농땡이를 의심하며 감시하는 여인이 있는데, 칸타로는 과연 맛있는 농땡이를 계속해 나갈 수 있을까?

# #5

# 세일즈맨 칸타로의 달콤한 비밀

さぼリーマン甘太朗

드라마 | TV 도쿄 시즌 1 방영

# 아마미도코로 하츠네

初音

"창업은 1837년,
실로 180년에 걸쳐 달콤함에 집착해온 가게 중의 가게다."

드라마 제1화(만화판 1권 1화도 하츠네다.)에서 칸타로가 방문한 가게의 이름인 '하츠네'는 가부키 연극에 나오는 '하츠네의 북'이란 이름에서 따온 것이다. 그 옛날 이 가게 창업자는 가부키 연극의 마니아였을까? 가게의 실내 인테리어도 북의 이미지화나 일체감을 주기 위해 노력했다.

칸타로는 몇 번의 망설임 끝에 '시라타마 오구라 앙미츠白玉小倉あんみつ'를 선택한다. 이 메뉴에는 홋카이도 도카치산의 부드럽고 큰 최고급 팥과 이즈 오오시마산 우뭇가사리로 만든 한천 그리고 체리, 황도, 찹쌀가루와 물엿으로 만든 규히

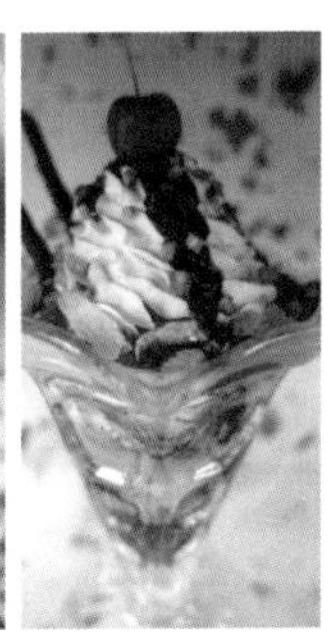

求肥, 경단이 들어가 있다. 칸타로는 이 메뉴의 맛을 '달콤한 소우주'라고 표현했다. 하얀 시럽 혹은 흑 시럽 중에 택일할 수 있다. 거의 대부분의 손님들이 오키나와산 흑 시럽을 선택한다고 한다. 만화판에서 칸타로는 단팥죽인 오시루코를 먹는다.

**Info**

**주소** 東京都中央区日本橋人形町1-15-6五番街ビル1F | **연락처** 03-3666-3082
**영업시간** 월~토요일 11:00~20:00, 일요일 · 축일 11:00~18:00
**위치** 도쿄 메트로東京メトロ 한조몬 선半蔵門線 스이텐구마에 역水天宮前駅 8번 출구 도보 1분, 도쿄 메트로東京メトロ 히비야 선日比谷線 닌교초 역人形町駅 A2 출구 도보 2분
**구글맵검색** 아마미도코로 하츠네 | **구글좌표** 35.684325, 139.783864

# 아마잇코
## 甘いっ子

"남은 시간은 한 시간. 이 행렬이라면 틀림없이 무리야."

제2화에서 칸타로는 빙수를 먹고 더위를 물리치기 위해 아마잇코가 있는 골목길로 들어서지만 엄청난 줄에 깜짝 놀란다. 그리고 그의 시선은 창문 넘어 맛있게 딸기빙수와 녹차빙수 등을 즐기는 손님들에게 고정된다. 빙수는 4월 말부터 내놓기 시작해 10월까지 운영한다. 칸타로는 엄청난 인파 때문에 즐기지 못했지

만 다행히 평일의 한가한 시간을 공략해 즐길 수 있었다. 본 드라마가 만화를 원작으로 하고 있는데, 만화판에서의 칸타로는 이 집의 이치고미르크킨토키시라타마いちごミルク金時白玉(1080엔)라는 빙수를 즐겼다. 그리고 빙수로 컬링을 하는 상상을 하기에 이른다. 드라마와 만화 이야기를 하자, 주인아주머니께서 만화책을 가지고 오셔서 우리 집이 여기 나왔다며 만화책 페이지까지 딱 펴서 알려 주셨다.

**Info**

**주소** 東京都杉並区西荻南2-20-4 | **연락처** 03-3333-3023
**영업시간** 11:00~18:00(재료 소진 시까지, 더운 5~9월은 보통 16시에 영업종료 하는 경우가 많음)
**휴무** 월요일 | **홈페이지** twitter.com/amaikko2000
**위치** JR 주오 본선中央本線 니시오기쿠보 역西荻窪駅 남 출구南口 도보 4분
**구글맵검색** Amaikko | **구글좌표** 35.701042, 139.599033

# 코오리야 피스

## 氷屋ぴぃす

"그럼 프리미엄 멜론 셔벗 하나."

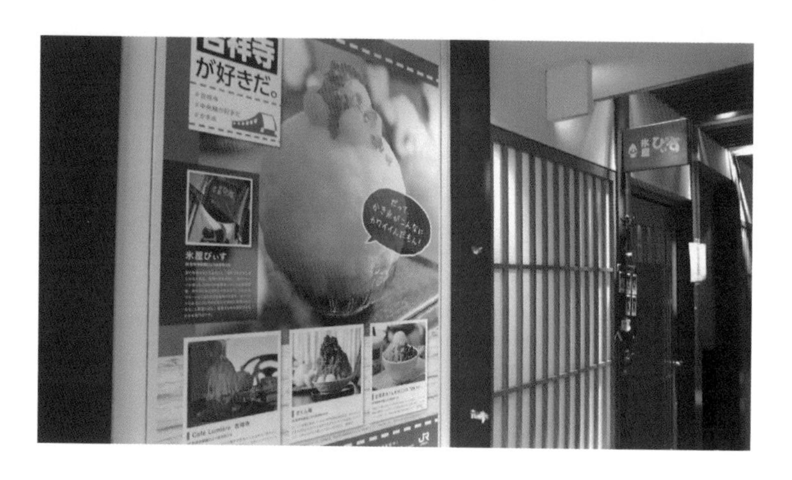


제2화에서 칸타로가 아마잇코에서 못 먹을 것을 대비해 미리 알아둔 빙수 전문점이다. 입구 주변에 보살 석상이 있어 이 빌딩의 정체나 콘셉트가 무엇인가 걱정이 될 때쯤 코오리야 피스의 포스터가 큼지막하게 눈에 들어온다. 2015년 오픈한 깔끔한 가게로 도쿄에서는 드물게 빙수만 파는 작은 가게다.

본인의 빙수가 나오기 전 옆자리 아가씨가 주문한 '소금 캐러멜 휘핑크림 빙수(900엔)'에 시선을 빼앗겨 추가 주문을 하기에 이르는 칸타로다. 코오리야 피스의 연유와 시럽을 포함한 모든 재료는 수제다. 프리미엄 멜론셔벗을 주문하면 시럽도 멜론, 과육도 멜론, 젤리도 멜론, 셔벗도 멜론이다. 먹다가 시럽이 부족하면 더 얹어 준다. 젊은 손님, 특히 여성 손님이 대부분이다. 자리에 앉으면 카운터 위에 사장님의 아내분이 직접 만든 미니어처 빙수 모형이 있어 앙증맞음을 느낄 수 있다. 입구 앞 예약 대기자 명단에 자신의 이름과 원하는 시간대를 함께 적고 기치조지의 다른 명소들을 둘러보고 오는 시스템은 불필요한 대기 줄을 줄였다.

**Info**

**주소** 東京都武蔵野市吉祥寺南町1−9−9吉祥寺じぞうビル1F
**영업시간** 10:00~18:00(L.O. 17:30) | **휴무** 월요일 | **홈페이지** www.kooriya-peace.jp
**위치** JR 주오소부 선中央・総武線 기치조지 역吉祥寺駅 남 출구南口 5분,
게이오 전철京王電鉄 이노카시라 선京王井の頭線 기치조지 역吉祥寺駅 남 출구南口 5분
**구글맵검색** Kooriya Peace | **구글좌표** 35.701948, 139.578115

# 우메무라
## 梅むら

"전국에서 팬이 모여드는 마메칸 마니아의 성지!"

제3화에서 칸타로는 마메칸 명점 섭렵하기의 두 번째 가게로 마메칸의 원조인 1968년 창업의 우메무라에 들른다. 이곳은 만화판 〈고독한 미식가〉에서도 고로가 마메칸을 즐긴 곳이기도 하다. 450엔의 마메칸(豆かん, 豆かんてん의 줄임말). 우메무라는 빨간 캐노피가 인상적인 집으로, 내부에는 우메무라가 등장한 신문 기사나 연예인이 방문한 기념사진 등을 붙여 놓았다. 바 형식의 의자 6개와 테이블석 두 곳이 전부인 소박한 가게이다. 앙미츠와 단팥죽이 이곳의 인기 메뉴라고 한다. 포장해가면 투명한 플라스틱에 콩과 한천을, 작은 통에 검은 소스를 넣어주신

다. 점포 안에서 먹으면 녹색의 말차가 함께 나오는데 입안의 흑당소스를 말끔하게 씻어주는 역할을 톡톡히 한다. 현재 주인인 40대의 부부는 만화에는 아버지가 등장했다며 만화책을 가지고 와 보여주었다. 매우 조용한 목소리에 친절함이 묻어나는 주인아저씨가 직접 칸타로 드라마에 출연했다.

칸타로가 블로그에 글 쓰는 장면에서는 스미다가와와 아사히 슈퍼드라이 홀, 스카이트리 등의 명소가 모습을 드러냈다. 제5화에서는 칸타로와 야구선수 출신 영업맨과의 고민 상담 장소로 재차 등장했다. 이처럼 아사쿠사의 명소들을 둘러보는 것도 좋을 듯하다.

**Info**

**주소** 東京都台東区浅草3-22-12 | **연락처** 03-3873-6992
**영업시간** 12:30~19:00(L.O. 18:30) | **휴무** 일요일
**위치** 도쿄 메트로東京メトロ 도부철도東武鉄道 아사쿠사 역浅草駅 도보 7분
**구글맵검색** 우메무라 | **구글좌표** 35.716761, 139.796726

# 코히 텐고쿠

## 珈琲 天国

"핫케이크에 뜨거운 커피 부탁합니다."

제5화. 여사장님은 핫케이크가 반드시 나오는 찻집이 하고 싶어 2005년 가게를 오픈했다. 더불어 어머니가 만들어주신 듯한 핫케이크를 만들고 싶어 아사쿠사에 문을 열었다고 한다. 이곳의 핫케이크는 요즘 유행하는 팬케이크와는 차이

가 있다. 핫케이크 반죽을 먼저 만들지 않고 주문을 받은 후, 반죽을 만들기 시작하기 때문이다. 프라이팬이나 철판에 굽는 것이 아닌 동판에서 160도의 온도로 한 면에 2분씩 구워서 지름 12cm의 핫케이크를 만드는 것도 특별하다. 가게 안은 밀가루와 달걀 냄새가 진동한다. 다 구워지면 한문으로 천국이라고 적힌 인두를 빵 표면에 지진다. 핫케이크는 잘라서 자체의 맛을 느끼고, 버터를 발라서 먹고, 메이플 시럽을 곁들여 먹는 여러 방법으로 먹으면 좋다. 가게 이름이 적힌 머그컵과 티셔츠 등 오리지널 굿즈를 판매하고 있다. 가게 이름은 천국이라는 단어의 어감이 좋고 돌아가신 할아버지, 할머니 생각도 나서 좋지 않을까 생각해 지었다고 한다.

**Info**

**주소** 東京都台東区浅草1-41-9 | **연락처** 03-5828-0591
**영업시간** 12:00~18:30 | **휴무** 화요일
**위치** 도쿄 메트로東京メトロ 긴자 선銀座線 아사쿠사 역浅草駅 도보 8분, 도부東武 이세사키 선伊勢崎線 아사쿠사 역浅草駅 도보 8분
**구글맵검색** 커피 천국 | **구글좌표** 35.713049, 139.794120

# 아카사카 사가미야
## 赤坂 相模屋

"아카사카에서 마메칸이라 하면 여기지."

제3화. 토바시가 칸타로의 정체를 밝히기 위해 먼저 와서 기다린 곳이다. 칸타로는 토바시가 찾아오기 전 테이크아웃으로 구매해 이미 사라지고 난 뒤였다. 사가미야의 창업은 1895년으로, 앉아서 먹을 수 있는 공간이 없는 가게다. 그러니 드라마에서도 칸타로가 집에 와서 직접 한천寒天(우뭇가사리의 소금기를 맹물로 빼내고 열수 추출로 건조 응고한 탱글탱글한 식감의 반투명 해초가공물.)을 잘라 먹는 장면이 나온 것이다. 그런데 칸타로가 즐긴 마메칸은 혼자 먹기엔 너무 많은 양이기에 점원으로부터

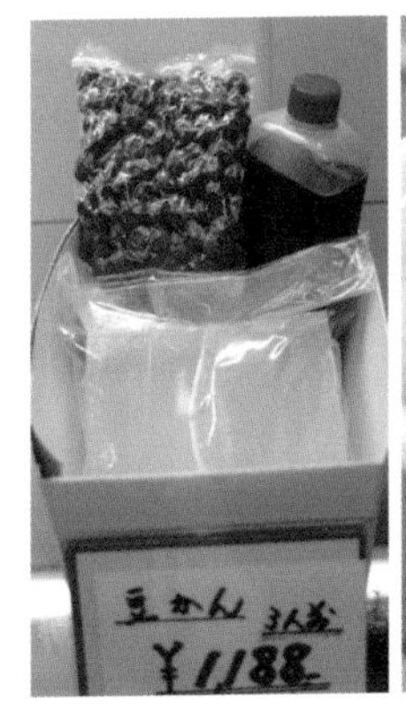

앙미츠를 추천 받았다. 내용물인 한천寒天과 밀蜜과 콩豆은 똑같다는 이유에서 말이다. 최대한 빨리 드시라는 말과 함께 작은 얼음팩을 종이팩에 넣어 정성스레 포장해주는 모습이 돋보였다.

**Info**

**주소** 東京都港区赤坂3–14–8赤坂相模屋ビル1F | **연락처** 03–3583–6298
**영업시간** 평일 10:00~19:00 토요일 10:00~18:00 | **휴무** 일요일 · 축일
**위치** 도쿄 메트로東京メトロ 지요다 선千代田線 아카사카 역赤坂駅 1번 출구 도보 1분
**홈페이지** www.akasaka-sagamiya.co.jp | **구글맵검색** Akasaka Sagamiya
**구글좌표** 35.673799, 139.737020

# 세주켄
清寿軒

"이 도라야키는 닌교초 세쥬켄의 도라야키다!"

제4화. 토바시가 칸타로에게 강제로 먹인 도라야키どら焼き의 판매점이다. 칸타로는 맛만 보고도 이 도라야키가 닌교초 세주켄의 도라야키임을 알아 맞춰 토바시의 의구심을 더 굳건하게 한다. 도라야키는 한 개에 220엔. 반으로 접은 것 같이 생긴 녀석은 200엔이다. 세쥬켄은 1861년 창업한 명점으로 현재 7대째 주인이 운영 중이다. 도라야키를 만드는 설탕은 순도가 높고 담백한 맛이 나는 흰 설탕을 이용하고, 팥소는 홋카이도 토카치산을 쓰며 물엿이 섞인 꿀이 아니라 100% 순수한 꿀을 사용하는 덕분에 도라야키의 겉은 고온으로 구워졌음에도 촉촉하다는 주인장의 자부심이 대단하다. 1950년 이전에는 설탕이 부족해 아주 단

도라야키가 인기가 있었다지만 최근 경향은 적당히 단 것이 대세이기 때문에 그에 부합해 만들려고 노력한다고 한다.

**Info**

**주소** 東京都中央区日本橋堀留町1-4-16 ピーコス日本橋ビル1F | **연락처** 03-3661-0940
**영업시간** 월~금요일 09:00~17:00 토요일 09:00~12:00 | **휴무** 일요일 · 축일
**홈페이지** seijuken.com | **위치** 도쿄 메트로東京メトロ 닌교초 역人形町駅 A5 출구 도보 6분, 도쿄 메트로東京メトロ 고덴마초 역小伝馬町駅 3번 출구 도보 5분
**구글맵검색** 세이쥬켄 | **구글좌표** 35.688012, 139.779434

# 카지츠엔 리베르

## 果実園リーベル

"복숭아 파르페 하나."

제4화. 외근 중 몰래 복숭아파르페(1800엔, 기간 한정.)를 먹는 걸 영업 왕자 다카라베에게 들킨 에피소드가 나왔던 고급 과일 디저트 전문점이다. 기간 한정인 복숭아파르페를 주문하면 백도와 황도 반반이 투명하고 입구만 넓은 바닥 좁은 다소 위태로운 컵에 등장한다. 빨간 체리와 검푸른 블루베리로 색감을 준 것은 칭찬하고 싶다. 매우 비싼 가격에도 불구하고 손님들이 너무 많아 가게로 내려가는 계단까지 손님들의 줄이 길게 늘어서 있다. 투명한 유리 쇼케이스의 신선한 과일들

이 손님을 반기고 그 옆으로 각종 쇼트케이크의 향연이 펼쳐진다. 만화판에서의 칸타로는 메구로점의 아마오우파르페あまおうパルフェ를 먹는다.

**Info**

**주소** 東京都渋谷区代々木2-7-7 南新宿277ビルB1 | **연락처** 03-6276-8252
**영업시간** 월~토요일 07:30-23:00(L.O. 22:30) 일요일 07:30~22:00(L.O. 21:30) | **휴무** 연중무휴
**위치** JR 신쥬쿠 역新宿駅 남 출구南口 도보 2분, 오다큐 전철小田急電鉄 오다큐 선小田急線 신쥬쿠 역新宿駅 남 출구南口 도보 3분, 게이오 전철京王電鉄 게이오 선京王線 신센신쥬쿠 역新線新宿駅, 도에이 지하철都営地下鉄 오에도 선大江戸線 신쥬쿠 역新宿駅 도보 3분
**구글맵검색** 카지츠엔 리베르 | **구글좌표** 35.687162, 139.700333

# 키노젠
紀の善

"가쿠라자카 언덕 아래에 전통 있는 맛집 키노젠이 있다."

제6화. 그림 작가의 부담스런 밀착 취재를 따돌리고 가쿠라자카의 말차바바로아를 먹으러 온 칸타로는 에도 정서가 가득 남은 카쿠라자카의 뒷골목 매력에 흠뻑 취한다. 원래는 에도 말기에 초밥집으로 시작한 점포였다가 1948년부터 디저트 가게로 변모했다. 가게는 2층 구조로 되어 있다. 칸타로가 자리를 잡은 건 2층이다. 차와 함께 먹는 돼지 모양의 전병은 야마가타산 쌀 '하에누기'에 브르타뉴산 소금을 넣은 것이라고 한다. 칸타로가 주문한 말차바바로아는 키노젠의 가장 인기 메뉴다. 25년 전 키노젠의 사장이 어느 양과자점에서 말차케이크를 맛보면서 탄생한 말차바바로아는 우유에 젤라틴을 녹여 노른자와 설탕을 섞고 체에 걸러 약한 불로 가열해 점성이 생기면 말차를 넣어 마지막으론 거품을 낸 생크림을 넣고 틀에 부은 후 천천히 식혀 만드는 녀석이다. 칸타로가 떠난 뒤, 칸타로를 흠모하는 토바시도 이곳에 와 말차바바로아를 음미한다.

**Info**

**주소** 東京都新宿区神楽坂1-12 | **연락처** 03-3269-2920
**영업시간** 화~토요일 11:00~20:00(L.O. 19:30) 일요일 · 축일 11:30~18:00(L.O. 17:00)
**휴무** 월요일 | **위치** 도쿄 메트로東京メトロ 유라쿠초 선有楽町線 난보쿠 선南北線 이다바시 역飯田橋駅 B3 출구 도보 5초
**구글맵검색** 키노젠 | **구글좌표** 35.700648, 139.742318

# 곤도라
ゴンドラ

"두툼하고 탄탄하고 촉촉한 삼박자가 갖춰진 식감!"

드라마 제7화에서 토바시는 칸타로를 떠보기 위해 토바시 스스로 만든 것이라며 곤도라의 파운드케이크를 칸타로에게 먹게 해 칸타로를 화나게 만든다. 츠루세의 콩떡을 먹으려던 칸타로를 고민하게 만든 것이다.

야스쿠니 신사 바로 옆에 있는 1933년 창업한 '곤도라'는 80년 넘게, 3대에 걸쳐 이어오고 있다. 파운드케이크パウンドケーキ 하면 곤도라라고 할 만큼 열렬한 팬이 많다. 스위스 국립 리치몬드 제과 전문학교를 아시아인 최초로 졸업한 2대

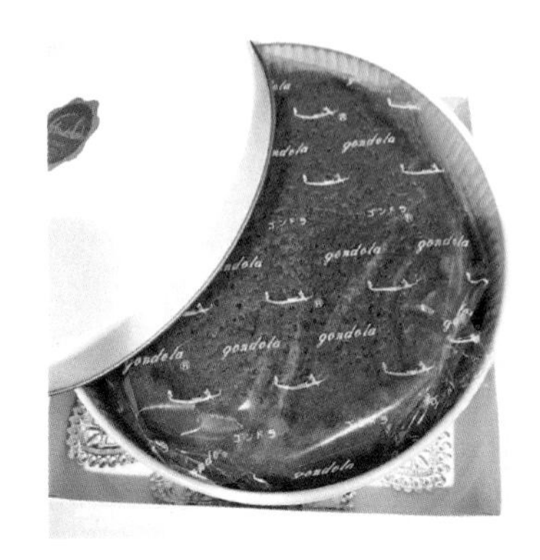


째 점주는 헤이세이 8년에 '현대의 명공'에 뽑히기도 했다. 가게의 얼굴인 유명한 파운드케이크는 버터, 달걀, 밀가루, 설탕이 들어가 있는 양과자이다. 케이크의 표면에 발라진 럼주의 향기가 입안에 살짝 퍼져 케이크의 바닥에 깔린 건포도와 어울린다. 3대째 점주는 프랑스, 독일, 벨기에에서 양과자를 공부하고 돌아와 가업을 잇고 있다. 가게의 포장지로는 이탈리아 베네치아의 운송 수단이자 관광선인 곤돌라 그림이 들어간 것을 쓴다. 둥그런 케이스의 안에 든 파운드케이크는 15cm 사이즈가 2500엔이다.

**Info**

**주소** 東京都千代田区九段南3-7-8 ゴンドラビル1F | **연락처** 03-3265-2761
**영업시간** 월~금요일 09:30~19:30 토요일 09:30~18:00 | **휴무** 일요일 · 축일
**위치** JR 주오소부 선中央 · 総武線 도쿄 메트로東京メトロ 유라쿠초 선有楽町線 난보쿠 선南北線, 도에이 지하철都営地下鉄 신쥬쿠 선新宿線 이치가야 역市ケ谷駅 A3 출구 도보 5분
**구글맵검색** 곤돌라 | **구글좌표** 35.693094, 139.743290

# 르세르슈
## Café recherche

"사바랑! 이른바 어른들의 간식!"

제7화. 영업부장이 토바시를 요코하마 서점 영업에 데리고 가면서 이야기가 시작된다. 토바시는 어렸을 때 먹었던 사바랑이라는 간식에 정신이 팔려 있다. 요코하마에 도착한 토바시는 요코하마에 대한 추억에 빠지며, 그러는 사이 화면은 토바시의 시선을 빌려 코스모클락21이나 랜드마크 타워와 야미시타 공원 등을 슬로우 모션으로 보여준다. 영업부장이 농땡이를 치려하자 토바시는 이때다 싶어 본인이 원하는 가게로 부장을 이끈다.

여사장이 혼자 일하는 르세르슈는 골동품 장식으로 꾸며져 차분한 분위기를 자아낸다. 토바시가 그토록 원하던 사바랑(540엔)은 프랑스의 법관이자 미식가이며 '미식예찬'이라는 책으로 유명한 '장 앙텔름 브리야 사바랭 Jean Anthelme Brillat-Savarin, 1755년-1826년'의 이름을 붙인 간식이다. 일명 바바라고도 불린다. 프랑스에서는 술과 함께 즐기기 위해 만들어진 녀석이라고 한다. 만드는 사람의 마음에 따라 형태는 다양하다. 이곳의 사바랑은 오렌지 등으로 만든 시럽에 담군 빵을 생크림 사이에 풍덩 빠트려 작은 은색 그릇에 담는다. 빵 사이에는 머스터드 크림과 건포도, 빵 위에는 살구잼이 발라진다. 토바시는 사바랑에 아이스커피를 매치해 음미한다. 토바시가 칸타로를 위해 르세르슈에서 사 온 레몬피낭시에도 즐겨보자.

**Info**

**주소** 神奈川県横浜市中区麦田町2-45 | **연락처** 045-264-4837
**영업시간** 12:00~17:00 | **휴무** 월요일 · 화요일
**위치** JR 네기시 선根岸線 야마테 역山手駅 혹은 이시카와초 역石川町駅 어느 곳에 내려도 도보 10분
**구글맵검색** Café Recherche | **구글좌표** 35.433143, 139.647544

# 류도팟씨

Rue De Passy

"프랑스 과자의 정석이자 류도팟씨의 간판상품!
얼마나 꿈에 그렸던가?"

드라마 제9화에서 칸타로가 그토록 먹고 싶어 했던 에크레루의 판매점 류도팟씨는 잘 정비된 반듯한 주택가 한가운데 덩그러니 존재하는 현대적 느낌의 인테리어가 돋보이는 가게다. 파리 거리의 흑백사진이 인테리어의 기본이 되고 있는데 점포명인 'Rue De Passy'도 프랑스 파씨 거리의 이정표에서 따온 이름이다. 이곳은 인테리어와 가게 이름처럼 주인인 나가시마 마사키가 프랑스에서 직접 배운 프랑스 과자와 빵 등을 선보이는 가게다. 칸타로는 어릴 적 친구의 집에서 먹었던 기억이 있던 캐러멜 크림이 진하게 들어간 슈 반죽으로 만든 에크레루캬

라메루(360엔), 코코아가 섞인 슈 반죽에 초콜릿 크림이 풍부하게 들어간 에크레루 쇼코라(420엔)를 주문한다. 에크레루(에클레어)는 프랑스어로, 번개를 뜻한다.

더불어 만화판 제12화에서 칸타로가 즐긴 에크레아는 니혼바시日本橋 타카시마야高島屋 백화점의 레크레르 드 제니レクレール・ドゥ・ジェニ라는 가게의 것이었다.

**Info**

주소 東京都目黒区鷹番3-17-6 | 연락처 03-5723-6307
영업시간 10:00~19:00 | 휴무 수요일
위치 도큐 전철東急電鉄 도큐 도요코 선東急東横線 가쿠게이다이가쿠 역学芸大学駅 서 출구西口 도보 4분
구글맵검색 Rue De Passy japan | 구글좌표 35.627556, 139.683227

# 엣세 뒈에

esse due

"오늘 나의 목적은 물론…. 농후크림푸딩!"

제10화. 책 주문 수량과 실제 납품수가 맞지 않아 늦은 밤 서점에 부족분을 보충하고 디저트를 즐기러 간 칸타로. 엣세 뒈에는 1998년 개점한 이탈리안 음식점으로 점내 분위기는 나폴리 느낌이다. 화덕구이 나폴리 피자를 비롯, 다양한 정통 이탈리안 음식을 취급하는 가게다. 칸타로는 농후크림푸린(crema caramallata, 600엔)을 주문한다. 일본에선 푸린인 이것은 우리나라는 푸딩이라고 한다. 이 점포의 농후크림푸딩은 쇼트케이크로 착각할 수 있는 비주얼이었다. 드라마 촬영용 푸딩이 아니라 그런지 탄력은 없었다. 하지만 달걀 노른자, 설탕, 바닐라 빈즈, 우유, 생크림으로 만든 굉장히 진한 맛을 내는 푸딩이다. 푸딩 위로는 하얀 눈이 내린

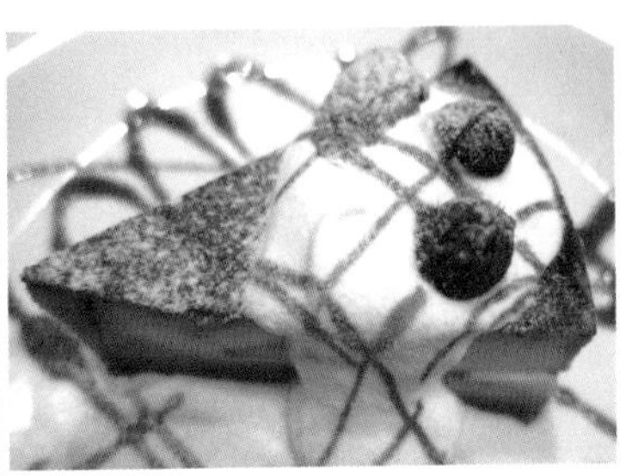

듯, 새하얀 설탕이 흩뿌려지고 2~3개의 작은 과일이 함께 들어간다. 티라미수, 젤라또 같은 이탈리아 대표 디저트도 많다.

**Info**

**주소** 東京都港区赤坂6-11-13 FABRic ビル B1F · 1F | **연락처** 03-3585-2232
**영업시간** 11:30~15:00(L.O. 14:00), 18:00~23:00(L.O. 22:00)
토요일 · 일요일 · 축일 11:30~15:00, 18:00~22:00(L.O. 21:00) | **휴무** 연중무휴
**위치** 도쿄 메트로東京メトロ 지요다 선千代田線 아카사카 역赤坂駅 6번 출구 도보 3분
**구글맵검색** ESSE DUE AKASAKA | **구글좌표** 35.669897, 139.734819

# minimal 미니마루
## ミニマル 富ヶ谷本店

"이것은 초콜릿 예술품이야."

제11화에서 타카라베와 칸타로는 2014년 개업한 초콜릿 전문점 미니마루에 오자마자 카카오를 짠 카카오펄프주스를 마신다. 럭비공같이 생긴 카카오 열매를 짠 주스다. 전 세계 카카오 농장을 사장이 직접 찾으러 다닌 결과다. 벽에 걸린 세계 지도에 사장이 다닌 장소들이 표시되어 있다. 아이티, 가나, 베트남의 농장에서 카카오를 받는다. 카카오를 발효하고 볶아서 부순 것이 결국 초콜릿이 되는 것이다. 테이크아웃만 되는 프루티베리라이크도 맛보는 주인공들. 이 초콜릿은

설익은 베트남 카카오와 설탕만으로 만든 초콜릿이다. 칸타로는 스페셜 디저트로 퐁당타르트쇼콜라를 주문한다. 아이티산 카카오를 사용한 녀석이다. 오키나와산 후추가 뿌려진다. 꿀 캐러멜을 고소하게 발라 구운 튈 한 조각이 아이스크림에 꽂힌다. 빵 같은 가나슈에 아이스크림 그리고 튈을 함께 먹으면 칸타로 같은 환희의 표정을 지을 수 있다.

**Info**

**주소** 東京都渋谷区富ヶ谷2-1-9 | **연락처** 03-6322-9998
**영업시간** 11:30~19:00 | **휴무** 연중무휴
**위치** 도쿄 메트로東京メトロ 지요다 선千代田線 요요기코엔 역代々木公園駅, 오다큐 전철小田急電鉄 오다큐 선小田原線 요요기하치만 역代々木八幡駅 도보 4분
**구글맵검색** 미니멀 토미가야 본점 | **구글좌표** 35.666797, 139.687632

# 와구리야

## 和栗や

"이것은 작은 가을이야."

제12화. 칸타로는 군밤 냄새에 이끌려 발걸음을 멈추고 수많은 고뇌 끝에 군밤(150g 한 봉지 950엔)을 먹기로 한다. 그리고 위와 같은 감탄사를 내뱉는다. 하지만 '스위츠 프린세스' 토바시는 '와구리야의 몽블랑을 먹어 보지 않고 가을 디저트를 논하지 말아 주세요.'라는 글을 칸타로가 운영하는 블로그에 올린다. 2011년 창업한 와구리야에 도착한 칸타로는 밤감로를 추천받아 먹게 된다. 깐 밤을 당밀에 적셔 먹는 것이 밤감로다. 칸타로는 직원에게서 가을에만 먹을 수 있다는 히토마루라는 프리미엄 몽블랑을 추천받는다. 술이나 향료를 쓰지 않고 밤 본연의 맛

을 살리는 것에 집착한 몽블랑이다. 칸타로는 외근에서 돌아오며 직원들에게 나눠줄 간식으로 와구리야파이를 사들고 복귀한다. 와구리야는 언제나 대기 줄이 길게 늘어서 있는 야나카 지역의 가장 뜨거운 핫 플레이스다. "손님들 중 95%가 여성일 정도로 여성들에게 사랑받는 디저트 전문점이다."

**Info**

**주소** 東京都台東区谷中3-9-14 | **연락처** 03-5834-2243
**영업시간** 11:00~18:00 | **휴무** 월요일
**위치** 도쿄 메트로東京メトロ 지요다 선千代田線 센다기 역千駄木駅 2번 출구 3분
**구글맵검색** Waguriya | **구글좌표** 35.727642, 139.765284

# 츠루세 센다기점
つる瀬 千駄木店

"츠루세의 마메다이후쿠다!"

제12화. 칸타로가 야나카의 외근을 명받아 가면서 생각해낸 마메다이후쿠豆大福의 명점이다. 만화판에서는 옛날에 엄마가 줬던 간식으로 등장했었다. 마메다이후쿠에 사용하고 있는 팥소는 굵은 알갱이로 껍질이 얇고, 향기가 높은 것이 특징인 홋카이도 토카치 팥이다. 첨가물이나 방부제는 일절 사용하지 않고 니이가타산 찹쌀과 오오시마산 소금, 물이라는 정말 심플한 배합으로 만든다. 팥을 전날 삶고, 다음 날 한 번 더 쪄서 껍질까지 부드럽게 하고 나서 떡에 넣는 방식이다.

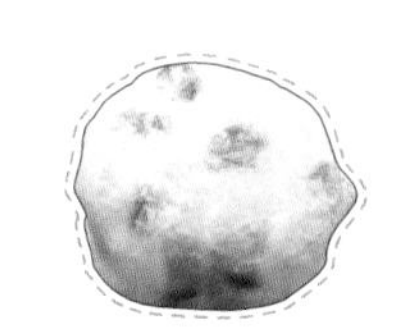

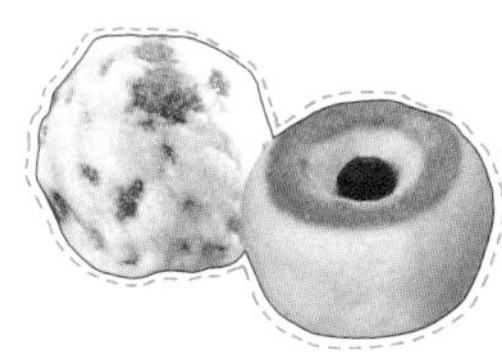

마메다이후쿠는 복이라는 한문이 들어간 탓인지 병문안 선물로 많이들 찾는 간식이다. 센다기점은 츠루세의 2대째가 운영하는 지점이다. 최근에는 토요일과 일요일만 영업하고 있으니 주의하자.

**Info**

**주소** 東京都文京区千駄木2-13-1 | **연락처** 03-5814-0488
**영업시간** 09:00~18:00 | **휴무** 평일 | **홈페이지** tsuruse.jp
**위치** 도쿄 메트로東京メトロ 지요다 선千代田線 센다기 역千駄木駅 1번 출구 도보 2분
**구글맵검색** 츠루세 센다기점 | **구글좌표** 35.723221, 139.762398

# 오우교우치

## 愛玉子

"이케나미 쇼타로池波正太郎(소설가,1923-1990년)도 사랑한 오우교우치."

제12화에서 칸타로의 내레이션과 함께 점포의 외관이 등장한 오우교우치. 이 가게의 역사는 90년이 넘었다. 노란 물에 아이위愛玉라는 대만 과일(무화과나무속 덩굴성 식물의 열매)로 만든 녀석이 나온다. 차가운 물이었다면 훨씬 시원하고 좋을 텐데 하는 아쉬움이 남는다. 아이위는 반으로 잘라 햇빛에 말렸다가 물로 씻으면 젤리처럼 변하는 대만에서만 나는 신기한 녀석이다. 대만에서는 국민 간식이다. 40대로 보이는 젊은 사장님께서 한국 정치에 대한 비판을 계속 하셔서 부담스러운 나머지 자리를 일찍 떴다.

"마누라랑 싸웠을 때 오우교우치를 먹으러 왔어."
"오우교우치 레몬맛이네요."

오우교우치는 미남 배우 오다기리 죠가 동네의 바보처럼 등장하는 영화 〈텐텐〉에서 후쿠하라가 아내와 다툰 후 화해하기 위해 늘 함께 들렀다던 가게다. 후미야(오다기리 죠)는 이곳에서 오우교우치 맛을 보고 화색이 돈다.

**Info**

**주소** 東京都台東区上野桜木2-11-8 | **연락처** 03-3821-5375
**영업시간** 10:00~18:00(재료 소진 시까지)
**위치** 도쿄 메트로東京メトロ 지요다 선千代田線 네즈 역根津駅 도보 8분,
JR 닛포리 역日暮里駅 우구이스다니 역鶯谷駅 도보 10분
**구글맵검색** 오우교우치 | **구글좌표** 35.721661, 139.770776

# 우메겐
梅源

"이곳의 킨츠바를 먹고 싶어,
아사쿠사에 영업이 들어올 때를 기다리고 있었다."

만화판 1권 제2화에서 칸타로가 고대하다가 결국 음미하던 킨츠바. 칸타로는 킨츠바를 먹으며 킨츠바를 통과하는 상상에 이른다. 이 맛있는 킨츠바를 판매하는 우메겐은 1907년 창업, 현재 3대째인 우가이 요시유키鵜飼慶之씨가 운영 중이다. 과자를 도매로 만들다가 1992년부터 소매 판매를 시작했다. 기계는 사용하지 않고 사람의 기술로 만들며 재료는 일본산을 사용한다. 옛날에는 아사쿠사 갓파바시 도오리浅草かっぱ橋通り 주변에 130채가 넘는 화과자점이 있었다고 하는데 거의 다 문을 닫고 현재 우메겐만 남았다. 우메겐의 킨츠바きんつば는 160엔이

다. 우메겐은 가장 질이 좋다는 홋카이도산 팥을 쓰며 인공감미료를 사용하지 않는다. 점포가 매우 작고 먹을 장소도 없다. 테이크아웃으로 사서 적당한 장소에서 먹어야 한다.

**Info**

**주소** 東京都台東区西浅草 3-10-5 1F | **연락처** 03-3841-4147
**영업시간** 화~금요일 11:00~18:30 토요일 11:00~18:00 일요일 · 축일 11:00~16:00
**휴무** 월요일 | **위치** 도쿄 메트로東京メトロ 긴자 선 아사쿠사 역浅草駅 A2 출구 도보 4분
**구글맵검색** Asakusaumegen | **구글좌표** 35.715498, 139.789473

# 마메 이치즈
## 豆一豆

"마메호우비가 데굴데굴."

만화판 제11화에서 칸타로는 마메호우비 반을 갈라 내용물이 꽉 차 있는 것을 보고 행복해한다. 도쿄 역東京駅 내 마메 이치즈의 마메호우비豆褒美(257엔)라는 팥빵을 즐기는 칸타로는 이내 팥 안에서 마치 신생아가 된 듯 콩에 자신의 몸이 담겨진 상상을 펼친다. 일본산 밀가루와 니이가타산 코시히카리 쌀을 섞어 반죽을 하는 마메호우비는 위에 깨가 앙증맞게 오른다. 벽돌 빵이라는 이름의 렌가 빵이라는 네모반듯한 녀석은 선물용으로 인기 메뉴다. 도쿄 역 내 ecute라는 기념품 및 음식 판매점 밀집 지역에 위치해 있어 찾는데 다소 어려움을 겪을 수 있다. 만

약 그럴 경우 가까운 도쿄 역 내 인포메이션 데스크 여직원에게 문의하면 친절하게 안내해준다.

**Info**

**주소** 東京都千代田区丸の内1−9−1 エキュート東京 東京駅改札内1F サウスコート ecute
**영업시간** 월~토요일 08:00~22:00 일요일 · 축일 08:00~21:30
**위치** JR 도쿄 역東京駅 내 ecute 상점가 내
**구글맵검색** mame-ichizu | **구글좌표** 35.680886, 139.766393

# 나타 데 크리스치아노

ナタ・デ・クリスチアノ

"빠져드는 맛이다."

만화판 제13화에서는 본고장인 포르투갈식 에그타르트エッグタルト인 파스테르 데 나타(포르투갈에서는 '나타'라고 줄여 부른다, 200엔.)를 먹고 파이 속으로 빨려 들어가 우주로 나가는 상상을 하는 칸타로의 모습을 그렸다. 이 가게의 주인은 포르투갈의 포르투의 유명한 과자점인 '타비'에서 수업을 받았다. 본고장인 포르투갈에서는 타르트를 고온에서 구워 겉은 바삭하고 안은 커스터드 크림으로 부드럽게 만드는 것이 특징이라 이 가게도 고온 오븐을 들였다고 한다. 나타 데 크리스치아노는 신선한 일본산 밀가루를 사용해 디저트들을 만든다. 포르투갈 리스본 서부 베

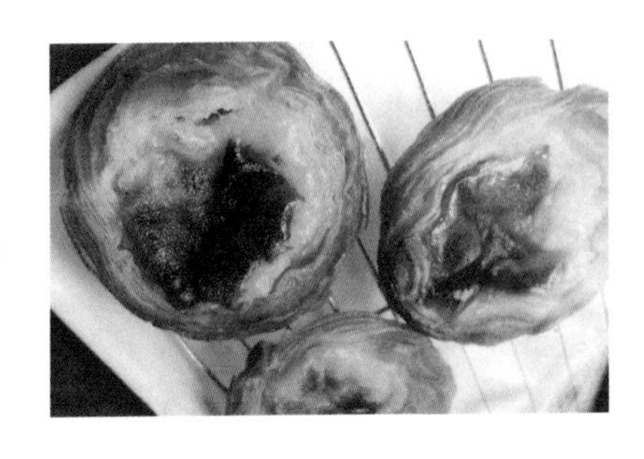

렌이라는 지역의 수도원 발상의 에그타르트. 나타 데 크리스치아노의 주인이 에그타르트 발상의 수도원 근처에 위치한 'Pastel de Belem'이라는 가게에서 파스테르 데 나타를 먹고 도쿄에 가게를 열게 된 것이다. 파스테르 데 나타는 와인이나 맥주 안주로 좋다. 포르투갈식 카스텔라도 인기 메뉴다. 다만 점포가 워낙 좁아 안에서 먹을 장소는 없다.

**Info**

**주소** 東京都渋谷区富ヶ谷1-14-16-103 | **연락처** 03-6804-9723
**영업시간** 10:00~19:30 | **휴무** 연중무휴 | **홈페이지** www.cristianos.jp/nata
**위치** 도쿄 메트로東京メトロ 지요다 선千代田線 요요기코엔 역代々木公園駅 2번 출구 도보 3분
**구글맵검색** 나타 데 크리스티아노스 | **구글좌표** 35.667256, 139.691291

# 마테리에르

## マテリエル

"가을 발견!"

만화판 제15화에서는 와구리몽블랑和栗のモンブラン을 먹으며 머리가 밤송이가 되어 숲속의 사슴과 어깨동무를 한 채 춤을 추는 상상을 하는 칸타로의 모습을 그린다. 몽블랑은 머랭을 기초로 일본산 밤과 생크림으로 만든 녀석을 동그랗게 짜 올리며 만드는 양과자다. 2010년 오픈한 마테리에르의 양과자들은 양과자 콩쿠르의 많은 수상 경력이 있는 셰프 파티셰 하야시 마사아키 씨의 작품이다. 제

과 학교의 강사로도 나간다는 하야시 씨. 이곳의 몽블랑은 다른 가게의 실뭉치 같은 스타일이 아닌, 보다 두툼한 모양으로 만화 '닥터 슬럼프'에서 아라레가 들고 뛰어다니던 '응가' 모양을 하고 있다. 티라미수카페, 샤르망, 뉴안스, 데리스후로마쥬, 모데르누, 오페라 등의 쇼트케이크도 인기가 많다. 점내와 외부 테라스석이 있으니 차분히 몽블랑을 즐겨보자. 레몬에이드, 오렌지 주스, 아이스티, 아이스커피, 진저에일 등의 드링크가 균일 200엔이라는 비교적 저렴한 금액으로 판매되고 있다.

**Info**

**주소** 東京都板橋区大山町 21-6 白樹舘壱番館1F | **연락처** 03-5917-3206
**영업시간** 10:00~19:00 | **휴무** 수요일 | **홈페이지** www.patisserie-materiel.com
**위치** 도부東武 도조 본선東上本線 오오야마 역大山駅 북 출구北口 도보 4분
**구글맵검색** Patisserie Materiel | **구글좌표** 35.748266, 139.698764

# 레피큐리안

## レピキュリアン

"후랑보아즈에 빠져볼까?"

만화판 제17화에서 칸타로는 502엔의 미르히유후랑보아즈ミルフィーユ・フランボワーズ 케이크 안에서 수영을 하는 상상에 빠져든다. 1996년 창업한 레피큐리안의 인기 메뉴 '미르히유후랑보와즈'는 바삭하고 고소하고 달콤한 파이에 바닐라 크림과 라즈베리까지 가미된 맛있는 쇼트케이크다. 가게는 문을 가운데 두고 왼쪽은 과자와 초콜릿 그리고 케이크를 판매하고 오른쪽은 차를 마실 수 있는 공간으로 운영 중이다. 하지만 워낙 공간이 좁아 테이크아웃해서 이노카시라 공원 벤치에서 여유롭게 먹는 것을 추천하고 싶다. 정식 영업은 수요일만 쉬는 것으로

되어 있으나 점포 주인의 스케줄이나 기타 이유로 평일에는 예고 없이 임시 휴업 알림장이 붙거나 단축 영업을 해 문을 닫는 경우가 많아 사전에 문의를 하고 갈 것을 추천한다. 영업을 한다고 해도 미르히유후랑보아즈가 만들어져 있다는 보장이 없으니 되도록 주말에 너무 일찍 방문하지 말자. 손님들의 애간장을 녹이는 고무줄 같은 영업은 지양하는 것이 좋을 듯하다.

**Info**

**주소** 東京都武蔵野市吉祥寺南町1–9–5 | **연락처** 0422–46–6288
**영업시간** 10:30~19:00(토요일, 일요일, 축일만 영업)
**위치** JR 주오소부 선中央・総武線 기치조지 역吉祥寺駅 공원 출구公園口 도보 3분, 게이오 전철京王電鉄 이노카시라 선井の頭線 기치조지 역吉祥寺駅 남 출구 도보 3분
**구글맵검색** L'EPICURIEN | **구글좌표** 35.701969, 139.578307

# 노아카페

ノアカフェ

"와플에서 잠들고 싶다."

만화판 제18화. 900엔의 초콜릿바나나와플, 캐러멜에스프레소소스가 뿌려진 900엔의 자가제 티라미수와플(노아카페 긴자점 한정으로 만날 수 있는 메뉴다)을 즐기는 칸타로는 와플과 와플 사이에서 잠드는 상상을 한다. 품질 좋은 밀가루와 우유로 만들어진 다양한 수제 와플 메뉴를 보면 달콤한 선택 장애가 올 지경이다. 창업 45년을 맞이한 노아 카페의 자가제 티라미수와플을 주문하자 바닐라아이스크림 한

덩이가 같이 나왔다. 고소한 와플과 곁들이자 최상의 맛이 입 안에 맴돌았다. 와플은 미리 만들어 놓는 것이 아닌 주문이 들어올 때마다 한 장 한 장 굽는다고 한다. 이곳의 드링크는 멜론, 오렌지, 망고, 바나나, 딸기주스 같은 과일음료가 주를 이룬다. 금연석과 흡연석의 경계를 잘 지키고 있고 와플 전문점이기 때문에 나이프와 포크 그리고 물티슈가 기본으로 세팅된다. 아침과 점심시간대를 노린 세트 메뉴도 인기다. 인테리어로는 0점이기 때문에 반대로 오롯이 음식을 즐기는 데만 집중할 수 있다. 식탁도 매우 오래되어 보이는 요상한 옥색 테이블이다. 지하의 아지트 같은 느낌이다.

**Info**

**주소** 東京都中央区銀座5-8-5 ニュー銀座ビル10号館 B1F | **연락처** 03-3574-8324
**영업시간** 08:00~23:30 | **휴무** 연중무휴 | **홈페이지** www.noacafe.jp/ginza
**위치** 도쿄 메트로東京メトロ 긴자 선銀座線 마루노우치 선丸ノ内線 히비야 선日比谷線 긴자 역銀座駅 A5 출구 도보 1분
**구글맵검색** Ginza Noa Cafe | **구글좌표** 35.670695, 139.765319

# 후르츠 파라 고토

フルーツパーラー ゴトー

"신선한 과일이 듬뿍이군."

만화 2권(제19화). 시즈오카산 머스크 멜론, 나가노 현의 사과, 필리핀의 골드 파인애플과 바나나, 뉴질랜드나 일본 에히메산 키위, 캘리포니아 오렌지, 야마나시 현 자두와 레몬, 미야자키 산 자몽, 구마모토산 수박 등을 유리 쇼케이스에 보기 좋게 진열한 맛있는 가게 후르츠 파라 고토. 이런 신선한 과일들로 만든 후르츠 산도는 얼마나 맛이 있겠는가? '오늘의 후르츠 파르페'라는 메뉴를 선택하면 먹는 파르페에 어느 나라 어느 과일이 쓰였는지 알기 쉽게 설명한 종이를 준다. 시즈오카산 머스크 멜론 파페 1230엔, 필리핀산 바나나초콜릿파르페 720엔, 골드파인애플파르페 720엔, 레몬주스, 오렌지주스, 수박주스 등이 주요 메뉴다. 이

따금 후루츠산도를 만들지 않는 날이 있으므로 걱정이 된다면 문의 후 방문하자. 아사쿠사 중심지에서 살짝 벗어난 히사고 도오리 상점가에 위치하고 있는데도 불구하고 간판 없이 운영하고 있는 자신감을 내비치고 있다.

**Info**

**주소** 東京都台東区浅草2-15-4 | **연락처** 03-3844-6988
**영업시간** 11:00~19:00 | **휴무** 수요일
**위치** 도쿄 메트로東京メトロ 긴자 선銀座線 아사쿠사 역浅草駅 1번 출구 도보 12분
**구글맵검색** 후르츠 팔러 고토 | **구글좌표** 35.715724, 139.793836

# 슈크리

## シュークリー

"아! 달콤한 슈크림!"

만화판 제20화에서 칸타로는 도쿄 타워 전망대에 올라 슈크림빵을 꺼내든다. 바로 닌교초에 있는 슈크리라는 가게의 슈크림빵이다. 오전 9시 30분에 70개 한정, 12시 140개 한정, 그리고 오후 5시 140개 한정해서 막 만든 슈크림(1개 240엔)을 판매하는 가게 슈크리. 한 사람에게 최대 10개 한정으로 판매하는데 10개씩 주문하는 사람이 많아 운이 없을 경우 먹지 못하는 경우가 생기니 일찍 줄을 서야 한다. 줄을 서 있으면 점원이 나와서 손님들에게 몇 개씩 주문할 것인지를 묻는다. 아마도 사지도 못하는데 줄을 서는 손님이 없도록 하기 위함일 것이다. KBS 전 아나운서 강수정 씨가 〈맛있는 도쿄〉라는 책에서 칭찬한 바 있는 슈크림이다. 바

삭바삭한 쿠키 슈에 부드럽고 진한 커스터드크림이 가득하다. 깨가 있는 바삭한 겉껍질도 고소하다. 표면의 매우 고운 설탕가루가 마치 눈을 뿌린 듯하다. 슈크림빵을 노란 종이로 네 면을 돌돌 말아 주는데 마치 무슨 만화 캐릭터의 얼굴 같다. 손님에게 언제 먹는지 물어보고 필요하다면 차가운 팩까지 넣어주는 센스가 돋보인다. 슈크리는 쇼트케이크의 종류도 다양하다. 옛날 분위기 많이 풍기는 닌교초라는 동네에 2009년 문을 연 가게다.

**Info**

**주소** 東京都中央区日本橋人形町 1-5-5 セントハイム人形町源1F | **연락처** 03-5651-3123
**영업시간** 09:30~19:00 | **휴무** 일요일
**위치** 도쿄 메트로東京メトロ 히비야 선日比谷線 닌교초 역人形町駅 A5 출구 도보 2분, 도에이 지하철都営地下鉄 아사쿠사 선浅草線 닌교초 역人形町駅 A5 출구 도보 2분
**구글맵검색** 슈크리 | **구글좌표** 35.685279, 139.781550

# Story

출판사 편집자로 일하던 주인공 아키코는 갑작스레 세상을 떠난 어머니의 가게 자리에 샌드위치 전문점을 열며 제2의 인생을 시작한다. 아키코는 자신과 어머니의 삶을 다시 되돌아본다. 자기 앞에 닥친 일을 큰 불행으로 받아들이지도, 억울해 하지도 않는다. 어머니가 40년 넘도록 운영하던 가게를 유지하며 회사를 그만두고 그 자리에 자신만의 가게를 꾸린 것이다. 저자와 편집자로 연을 이었던 요리 연구가 선생님의 독려에 힘을 얻고 맞은편 카페의 주인장 할머니와 키가 크고 머리가 짧은 여자 아르바이트생 시마, 빵과 수프, 그리고 갑자기 가게 앞에 나타났다가 사라진 고양이 등으로 평범한 일상의 행복을 이어간다.

# #6

# 빵과 스프, 고양이와 함께 하기 좋은 날

パンとスープとネコ日和

드라마 | 일본 WOWOW 방영

# 'OLU'OLU

"저희 식당 카요가 폐점하게 되었습니다.
40년 동안 감사했습니다."

아키코의 어머니가 돌아가실 때까지 운영하던 식당 카요는 딸인 아키코가 식당을 보수하고 이어받으며 빵과 샌드위치와 수프의 가게로 부활한다. 아르바이트생을 받으며 식당은 시작된다. 그리고 그곳에서 여러 손님들을 만나며 어머니와 아버지에 대해 몰랐던 사실들을 알아간다.

이 가게가 올루올루다. 가장 기본이 되는 플레인도넛을 시작으로 사과, 코코아, 쑥, 유자, 오렌지 등이 들어간 여러 종류의 도넛 그리고 음료수가 주요 메뉴다. 폭신폭신하고 쫀득쫀득한 식감이 돋보이는 올루올루의 대부분의 도넛 가격

은 150엔에서 220엔 사이다. 다만 빵의 종류가 많지 않다. 그 이유는 가게를 운영하는 40대 젊은 부부가 무리하지 말고 만들자는 운영 철학을 가지고 있기 때문이라고 한다. 그것은 자신들이 직접 빵을 만들어 내는 시간의 한계 때문이기도 하다. 회사원이었던 부부가 도넛 가게에 갔다가 그 매력에 빠져 회사를 그만두고 2년간 도넛을 연구해 차린 것이 올루올루다. 올루올루는 하와이어로 상쾌하다는 의미다. 촬영 당시의 내외부 모습과 크게 바뀐 것이 없어 보인다. 애초에 오래된 민가를 리모델링해 만든 가게다. 뭔가 따뜻하게 느껴지는 목조건물 인테리어는 군더더기가 없다.

참고로 대각선 방향에 위치해 아키코가 친하게 지내던 할머니가 운영하던 카페 핫피는 현재 일반 가정집인지 간판 자체도 없이 화분들로 입구가 막혀있다. 아키코는 이 핫피 카페에서 일하는 유키라는 여자에게서 커피를 배달받아 마시거나 직접 찾아가기도 했다.

**Info**

**주소** 東京都世田谷区世田谷4-2-12 | **연락처** 03-3420-2727
**영업시간** 11:30~18:30 | **휴무** 화요일
**위치** 도큐 전철東急電鉄 도큐 세타가야 선東急世田谷線 쇼인진자마에 역松陰神社前駅 도보 20초
**구글맵검색** 'OLU'OLU | **구글좌표** 35.643619, 139.655085

# Story

주인공 야마다 분코(분이라는 애칭으로 불린다.)는 대학 진학으로 고향 부모님 집을 떠나 도쿄 기타센주에서 자취를 하고 있다. 도시 생활이 벌써 반 년째지만 극심한 낯가림 탓에 친구가 한 명도 없다. 삶의 낙은 오로지 호쿠사이라는 이름의 토끼를 닮은 인형과 요리뿐이다. 얼핏 보면 한 외톨이 소녀의 쓸쓸한 요리 드라마로도 보인다. 그녀는 엄마의 걱정에도 불구하고, 〈호쿠사이와 밥만 있으면〉 혼자인 삶도 행복하다고 여긴다. 한국에서 대박을 친 일본 애니메이션 영화 〈너의 이름은〉에서 히로인인 미츠하의 성우를 맡은 가미시라이시 모네上白石萌音가 야마다 분으로 분했다.

# #7

# 호쿠사이와 밥만 있으면

ホクサイと飯さえあれば

드라마 | MBS 방영

# 와카바도우
わかば堂

"분도 가끔 이런 여성스러운 곳에서 점심을 먹으면 어때?"

제1화에서 야마다 분은 냄새와 점포에서 나오는 여성들의 감탄사에 이끌려 발걸음을 옮긴다. 분의 인형 친구인 호쿠사이가 식사할 것을 권하지만 분은 아쉽게 발걸음을 돌린다. 제8화에서는 분의 친구인 쥰이 로짱과 함께 팬케이크를 먹으러 왔고 분이 이런 쥰을 찾으러 왔었다. 아쉬운 점은 팬케이크는 와카바도우의 메뉴에 없다는 사실.

다행히도 이 카페는 〈고독한 미식가〉 시즌2 제11화에서도 등장하는데 고로

의 회상 신에서 고로는 퐁당쇼콜라바닐라아이스フォンダンショコラ バニラアイス를 즐긴다. 검은 초콜릿케이크에 노란 아이스크림 한 덩이와 딸기시럽 그리고 땅콩이 올라간 메뉴다. 바닐라 아이스는 올라가 있지 않지만 초콜릿케이크는 주문해 음미했다. 정작 이 카페의 가장 인기 메뉴는 레드 와인을 사용한 와규조림国産牛の赤ワイン煮 런치 세트(1150엔)다.

여성 고객들로 넘치는 와카바도우는 작은 골목길에 숨겨진 카페로 오래된 민가를 리모델링한 것이다. 창 앞에 설치된 선반에 자그마한 화분들이 가게 외관의 분위기를 보다 청량감 있게 해주고 있었다. 〈고독한 미식가〉 촬영지인 라이카노와 매우 가까이 있다.

**Info**

**주소** 東京都足立区千住1-31-8 | **연락처** 03-3870-6766
**영업시간** 월~토요일 12:00~23:00 일요일 12:00~20:00 | **휴무** 연중무휴
**위치** JR 조반 선常磐線 도쿄 메트로 지요다 선千代田線, 히비야 선日比谷線 도부이세사키 선東武伊勢崎線 기타센주 역北千住駅 1번 출구 도보 3분
**구글맵검색** Wakabado | **구글좌표** 35.748199, 139.803680

# 마스야 쇼텐
## 桝屋商店

"하프 사이즈가 있었다면 좋았을 텐데."

야마다 분은 100엔 숍 미츠meets와 이시나베 청과점石鍋青果店에서 돈을 다 써버려 기본적으로 정육점인 마스야 쇼텐의 130엔짜리 멘치카츠를 그저 바라보기만 하고 발걸음을 돌리게 된다. 분이 먹지 못하고 바라만 보던 멘치카츠는 방금 튀겨진 녀석을 받아서인지 손이 뜨거워 종이에 잡고 있는게 힘들 정도였다. 하지만 정말 고소하고 맛있었다. 햄을 옷을 입혀 튀긴 하무카츠 80엔, 크로켓 90엔, 최고 인기 메뉴로서 고기와 파를 섞어 튀긴 니쿠네기후라이 115엔, 전갱이튀김 110엔, 오징어튀김 90엔 등 집에서 직접 만든 튀김을 주로 유리 쇼케이스에 내어놓

고 있다가 주문하면 재차 튀겨준다. 마스야 쇼텐은 말고기전골을 판매하는 가게로 창업해 현재에 이르기까지 무려 120년이라는 세월을 견뎠다. 기타센주에서 태어나고 자란 4대 점주 카와무라 히로스케 씨 부부 내외가 운영하고 있다.

분이 식재료를 구입한 이시나베 청과점은 3대 주인인 84세의 이시나베 미요코 씨가 운영하고 있는데, 이 근처에는 이 정도로 오래된 노포들이 곳곳에 많다.

**Info**

**주소** 東京都足立区千住2-36 | **연락처** 03-3881-2218
**영업시간** 08:00~18:30 | **휴무** 화요일
**위치** 도쿄 메트로東京メトロ 지요다 선千代田線 기타센주 역北千住駅 4번 출구 도보 5분
**구글맵검색** 마스야쇼텐 | **구글좌표** 35.749147, 139.802218

# 마루이시 마스에이

マルイシ増英

"67엔. 아! 아쉽다."

부족한 주머니 사정에 130엔의 멘치카츠를 바라보기만 하고 발걸음을 돌리다 76엔의 카레볼꼬치에 야마다 분이 발걸음을 멈춘 가게다. 이곳에서는 어묵을 만드는 모습을 볼 수 있다. 카레볼꼬치는 카레볼 세 알이 한 꼬치로 되어 있다. 치즈가 들어간 어묵과 비엔나소시지가 들어간 어묵, 새우가 들어간 어묵, 메추리알이 들어간 녀석과 그리고 오징어 다리가 통으로 들어간 어묵이 인기가 좋다. 유리 쇼케이스에 가지런히 진열되어 있으니 천천히 한 녀석 한 녀석 보면 될 터다. 창업 60년이 넘은 마루이시 마스에이의 어묵과 튀김은 일본수산협회에서 실시하는 각종 품평회에서 다수의 수상 경력을 가지고 있다. 튀김유는 품질 좋은 대두유를 쓰고 있다고 자부하고 있다. 빵집인 후랑스야 바로 작은 골목 건너 옆에 옆집으로 매우 가깝다.

**Info**

**주소** 東京都足立区千住3-20アイビル1F | **연락처** 03-3881-1780
**영업시간** 10:00~18:30(재료 소진 시까지) | **휴무** 일요일
**위치** 도쿄 메트로東京メトロ 지요다 선千代田線 기타센주 역北千住駅 4번 출구 도보 5분
**구글맵검색** 마루이시 마스에이 | **구글좌표** 35.752720, 139.802557

# 후랑스야

ふらんすや

"새로운 빵집이 생겼어.
크로켓, 크루아상, 야키소바빵, 베이컨에그도."

제1화에서 가게의 통유리로 보이는 빵들을 보며 웃음이 끊이지 않는 야마다 분. 그러나 돈이 없다. 그러는 사이 여대생 쥰은 미인계로 주인에게 빵을 얻는다. 여대생은 분에게 빵을 줄까하고 물어보지만 대인기피증에 가까운 야마다 분은 부끄러워 도망친다. 제8화에서는 쥰에게 자신이 직접 만든 교자를 먹이며 오해를

풀기 위해 쥰을 찾으러 후랑스야에 오기도 했다. 도넛, 크루아상, 슈크림, 바질후랑크빵, 초코후랑스, 멘치버거, 바게트, 화이트롤, 베이글샌드위치, 빵에 야키소바를 넣은 야키소바빵 등이 있다.

**Info**

**주소** 東京都足立区千住3-55 | **연락처** 03-6805-1230
**영업시간** 07:30~19:30 | **휴무** 수요일
**위치** 도쿄 메트로東京メトロ 지요다 선千代田線 키타센주 역北千住駅 4번 출구 도보 5분
**구글맵검색** 후랑스야 | **구글좌표** 35.752623, 139.802713

# 단고노 미요시
## だんごの美好

늦잠으로 인해 잠옷 차림으로 등굣길에 나선 야마다 분은 오늘이 토요일이라는 것을 알고 자책한다. 하지만 그것도 잠시 센쥬혼쵸 상점가千住本町商店街를 걸으며 노래를 부른다. 혼쵸 상점가에 있는 단고노 미요시는 제1화에서 야마다 분이 노래를 부르며 지나간 단고 가게로 전국에 체인점이 많다. 이곳의 단고는 역시

미끄럼을 타듯 부드럽고 쫀득한 맛이 일품이다. 김밥, 야키소바, 도시락도 준비되어 있다. 구운야키단고焼だんご 60엔, 가장 평범하게 소스만 바른 미타라시단고みたらしだんご 60엔, 팥소를 얹은 츠부앙단고つぶあんだんご 70엔 등이 인기 메뉴다. 7시에 개점은 하지만 단고는 8시나 되어야 나온다. 쥰이 도시락을 사던 가게 카자마가 도보 30초 이내의 거리에 있다.

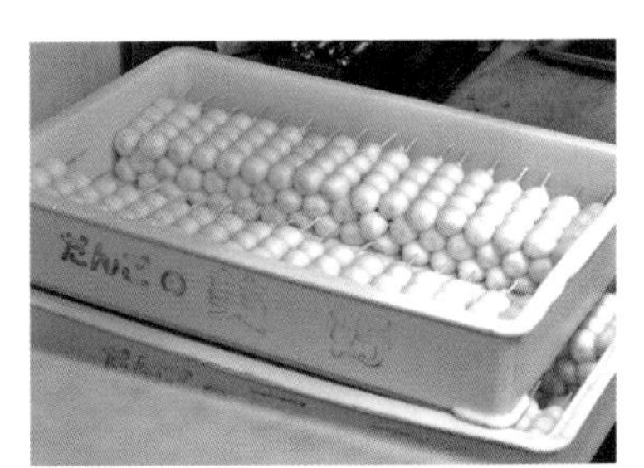

**Info**

**주소** 東京都足立区千住1-20-9 | **연락처** 03-3882-6998
**영업시간** 07:00~16:00 | **휴무** 월요일
**위치** 도쿄 메트로東京メトロ 지요다 선千代田線 기타센주 역北千住駅 1번 출구 도보 3분
**구글맵검색** 단고노미요시 | **구글좌표** 35.786767, 139.611488

# 소자이 카자마

惣菜かざま

"오늘의 추천 메뉴는 뭔가요?"

제2화에서 쥰이 분에게 여자 혼자서 정식 집에 가서 밥을 먹기가 그렇다며 도시락을 사러 간 가게 카자마. 크로켓, 치킨카츠, 멘치카츠, 고기완자, 함바그, 스테이크, 닭고기튀김, 전갱이튀김 등을 메인으로 하는 서민적 반찬 가게이자 이 녀석들을 베이스로 한 도시락 판매점이기도 하다. 슈마이 10엔, 크로켓 30엔, 꼬치

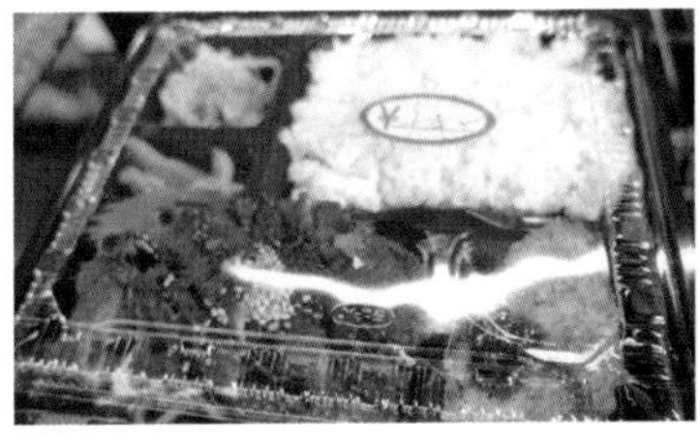

구이 50엔, 함바그 90엔, 야키소바 100엔, 큰 도시락이 균일 270엔이니, 자연스레 지역 주민들이 사랑하는 가게가 되었고 초록색 앞치마를 두르고 초록색 모자를 쓴 직원들 여러 명의 손길도 바빠졌다. 센쥬혼쵸 상점가千住ほんちょう商店街에 위치하고 있다. 9시에 문을 열지만 도시락 등 음식들이 모두 갖춰지는 시간은 10시 반이다. 카자마의 대각선상에 위치한 리사이클 브랜드 부티크 glay는 분이 쥰을 피하기 위해 숨었던 리사이클 숍이다.

**Info**

**주소** 東京都足立区千住1-22-9 | **연락처** 03-3870-8005
**영업시간** 09:00~20:30
**위치** 도쿄 메트로東京メトロ 지요다 선千代田線 기타센주 역北千住駅 1번 출구 도보 3분
**구글맵검색** Kazama | **구글좌표** 35.747875, 139.801646

## # Story

고교 입학식 때 본 1년 선배 사에코를 좋아하게 된 소타. 밸런타인데이 전날, 소타는 직접 만든 초콜릿을 선물하지만 사에코는 받아주지 않았다. 상심한 소타는, 조금의 돈과 짐을 들고 프랑스의 유명 케이크점 보네르를 방문해 운 좋게 실력을 보여주고 그곳에서 일하게 된다. 몇 년 후, 소타는 쇼콜라 전문점을 개점하지만 사에코는 결혼이 결정된 시점이었다. 하지만 지극한 정성이 통한 것일까? 이후 남편과 관계가 틀어진 사에코와 잠자리까지 갖게 되는데….

미즈시로 세토나의 만화 작품이 본 드라마의 원작으로 만화는 제36회 코단샤 만화상 〈소녀 부문〉을 수상했다. 일본 최고의 인기 그룹 아라시의 멤버 마츠모토 쥰과 최고의 인기 여배우 이시하라 사토미가 주연을 맡아 2014년 후지tv 간판 시간대에 방송되어 12.3%의 높은 평균 시청률을 기록했다.

#8

# 실연 쇼콜라티에

失恋ショコラティエ

드라마 | 후지 TV 방영

# 라보에무 신주쿠 교엔점

## ラ・ボエム新宿御苑

"나, 다음 달 결혼해."

제1화에서 사에코가 사에코와의 연애에 잔뜩 기대가 부푼 소타에게 결혼한다는 사실을 알린 레스토랑이다. 라보엠은 '신주쿠 교엔新宿御苑' 바로 옆에 위치하며 럭셔리한 외관에 압도되는 느낌을 준다. 극중에서도 사에코와 소타가 앉은 통유리 바로 옆자리는 시원하게 트여있다. 런치 메뉴를 겨냥해 방문한다면 조금 저렴하게 이용할 수 있다. A에서 C까지의 런치 메뉴가 있는데 1200엔 안쪽으로 파스타 또는 피자를 즐길 수 있다. 신주쿠 번화가의 어마어마한 무게감을 덜고 근사한 레스토랑에서 신주쿠의 작은 도로와 공원을 보니 안도감마저 들었다.

라보엠은 신카이 마코토 감독의 〈너의 이름은〉의 주요 배경지이기도 하다. 같은 감독의 〈언어의 정원〉의 주요 배경지인 신주쿠 교엔이 라보엠 레스토랑 바로 옆에 있다는 것도 기쁘다.

"내가 일하던 곳이 어디였지?"

미츠하의 정신이 들어가 있는, 몸은 타키인 미츠하가 타키 친구들에게 물어서 찾아간 아르바이트 장소 라보엠. 이곳에서 미츠하의 정신이 들어가 있는 타키가 바느질로 오노데라 선배를 감동시키는 신이 펼쳐진 중요한 장소이다. 손님의

성추행으로 치마가 찢겨져 난감해하던 오쿠데라. 미츠하의 정신이 들어간 타키의 섬세한 바느질로 인해 오쿠데라는 타키를 새롭게 보게 된다.

더욱이 라보엠은 〈여자 구애의 밥〉에서도 여주인공이 기획 이야기를 친구와 이야기하는 곳으로 자주 나오는 장소다.

**Info**

⌂ **주소** 東京都新宿区新宿1-1-7 コスモ新宿御苑ビル1F · 2F | **연락처** 03-5366-2242
**영업시간** 11:30~23:30 | **휴무** 연중무휴
**위치** 도쿄 메트로東京メトロ 마루노우치 선丸の内線 신주쿠교엔마에 역新宿御苑駅 2번 출구 도보 3분
**홈페이지** www.boheme.jp/shinjukugyoen
**구글맵검색** MPQ7+24 (도쿄) | **구글좌표** 35.687673, 139.712827

# aloha table
## アロハテーブル 中目黒店

제3화에서 에레나가 소타와 밥과 병맥주를 마시며 사에코와의 연애 진전을 격려하던 하와이안 레스토랑이다. 가게 안이 소파석, 테이블석, 카운터석 등 넓은 편이다. 가게 바깥에는 비닐을 이용해 날씨에 구애받지 않고 개방감을 느끼고 싶은 손님들을 위한 공간까지 마련했다. 야외 공간에 앉아 가만히 귀를 기울이면 메구로가와의 물 흐르는 소리와 전차 소리가 들리곤 한다. 점내는 하와이 느낌을 주기 위한 시원한 그림이나 소품 그리고 천장 선풍기 등이 시원함을 더해준다. 콥샐러드, 큐브롤스테이크, 팬케이크, 라이스버거 등의 메뉴가 있는데 단연 하와이 로컬 푸드라 할 메뉴는 그레이비소스의 로코모코다. 920엔의 로코모코는 밥 위에 햄버그와 달걀프라이를 얹어 먹는 덮밥의 일종이다. 이 가게는 왠지 뜨거운 여름에 와야 할 것 같다.

**Info**

**주소** 東京都目黒区上目黒1-7-8Aperto Nakameguro 1F | **연락처** 03-6416-5432
**영업시간** 11:30~23:00 | **휴무** 연중무휴
**위치** 도큐 전철東急電鉄 도큐 도요코 선東急東横線 나카메구로 역中目黒駅 정면 출구 도보 2분
**홈페이지** nakameguro.alohatable.com
**구글맵검색** 하와이안 카페 ALOHA TABLE 나카 메구로 | **구글좌표** 35.645358, 139.699681

# 캬토즈 쥬이에 도쿄
## キャトーズ・ジュイエTokyo

"초콜릿을 팔고 있지만 가장 팔고 싶은 건 꿈이야."

제4화에서 소타와 카오루코가 정찰하러 찾아온 리쿠도의 가게다. 리쿠도의 초콜릿을 음미하며 소타는 리쿠도에게 존경심을 표하게 된다. 가게는 통유리로 되어 있고 넓어 밖에서 가볍게 안을 구경하기에도 부담이 없다. 쇼콜라티누, 롤케이크, 사블레, 케이크, 몽블랑, 아르바토로스, 슈파리쟌 등의 메뉴가 있다. 프랑스 과자 전문점 캬토즈 쥬이에는 프랑스 혁명일인 '7월14일'의 프랑스 발음이다. 현재 54세의 오너 셰프가 프랑스 유학 당시 프랑스 혁명 200주년 기념식을 샹젤

리제 거리에서 보면서 감동해 지은 이름이다. 본래 1991년 오픈한 사이타마 현의 고시가야에 한 점포만을 충실히 운영하겠노라 다짐했는데 반응이 좋아 도쿄의 심장에 점포를 하나 더 두게 되었다고 한다. 가게는 신마루라는 대형 건물 지하상가에 위치해 있다.

**Info**

**주소** 東京都千代田区丸の内1−5−1 | **연락처** 03−5879−6690
**영업시간** 월~토요일 11:00~21:00 일요일 · 축일 11:00~20:00
**홈페이지** www.14juillet-tokyo.jp
**위치** 도쿄 메트로東京メトロ 마루노우치 선丸ノ内線 도쿄 역東京駅 1번 출구 도보 1분
**구글맵검색** 14 Juillet Tokyo | **구글좌표** 35.682644, 139.764041

# 파레 도 오루
## パレ ド オール

"사에코! 초콜릿 가게 들렀다 가지 않을래?"

제2화에서 사에코 친구의 권유로 들른 2004년 개업의 초콜릿 전문점이다. 파레 도 오루는 '금의 원반'이라는 뜻이다. 63세의 오너 쇼콜라티에 사에구사 슌스케 씨의 손길로 탄생한 다양한 초콜릿을 맛볼 수 있다. 카카오 51%와 72% 함유량을 가진 태블릿초콜릿(900엔)을 구비하고 있는 등 고객의 입맛에 맞는 초콜릿을 내기 위해 노력중인 가게다. 카카오 콩은 주로 트리니다드 토바고산을 메인으로 사용한다. 점포 내에서 즐기는 파르페의 가격은 매우 고가이지만 신선한 계절 한정 파르페를 준비하는 등 맛이 있다. 초콜릿 6개들이 2000엔의 선물 상자도 인기다. 캬토즈 쥬이에 도쿄가 있는 건물의 1층 상점가에 있다.

**Info**

**주소** 東京都千代田区丸の内1-5-1 新丸の内ビルディング1F | **연락처** 03-5293-8877
**영업시간** 월~토요일 11:00~21:00(L.O 20:30) 일요일 · 축일 11:00~20:00(L.O. 19:30)
**휴무** 비정기적인 휴무 | **홈페이지** www.palet-dor.com
**위치** 도쿄 메트로東京メトロ 마루노우치 선丸ノ内線 도쿄 역東京駅 1분
**구글맵검색** Chocolatier Palet D'or | **구글좌표** 35.682735, 139.763992

# 그릴버거클럽 SASA
## グリルバーガークラブサササ

"식기 전에 먹자. 이 아보카도 들어 있는 거 맛있어?"

제8화에서 소타는 에레나에게 지난밤 사에코와 있었던 이야기를 하며 상담을 한다. 일장연설을 늘어놓던 에레나는 어서 먹자며 본인의 햄버거를 떼어 소타에게 먹여준다. 정작 소타는 핫도그(580엔)를 먹는다. 이처럼 실제로도 핫도그 메뉴가 있다. 메뉴에 칼이나 포크를 이용해 잘라 먹지 말고 햄버거를 들고 먹는 걸 추천한다는 문구에 고개가 끄덕여진다. 테이블 한쪽으로 햄버거를 감싸는 종이가 있다. 햄버거와 감자튀김이 그릇에 함께 나온다. 핫도그를 주문하면 감자튀김이 나오지 않는다. 치즈에그버거, 모짜렐라버거, 데리야키버거, 아보카도치즈버거, 베이컨치즈버거, 칠리치즈버거, 그릴머시룸버거, 카프레제버거 등 한국에서 먹어보지 못했던 햄버거도 다수 있다. 이곳은 압도적으로 여성들에게 인기 있는 가게로 햄버거가 나올 때까지 점내에 비치된 장난감 햄버거 재료를 조합하며 노는 일본 여성들을 보면 미소가 절로 나온다. 한편에 스몰, 레귤러, 라지 사이즈의 햄버거 모형을 만들어 두어 크기 비교를 해 둔 센스가 돋보인다. 평일 11시에서 16시 사이에는 햄버거, 샌드위치, 핫도그 중 하나를 주문하면 음료수 한 잔을 무료 제공한다.

AVOCADO BURGER

HAMBURGER

## Info

주소 東京都渋谷区恵比寿西2-21-15 | 연락처 03-3770-1951
영업시간 평일 11:00~21:30 토요일 · 일요일 · 축일 11:00~20:30 | 휴무 제1, 3화요일
위치 도큐 전철東急電鉄 도큐 도요코 선東急東横線 다이칸야마 역代官山駅 동 출구東口 도보 30초
구글맵검색 그릴 버거 클럽 사사 | 구글좌표 35.648127, 139.703568

# Story

도쿄 번화가 뒷골목 골든 가이 주변 심야식당 메시야를 지키는 셰프 마스터와 그가 선보이는 다채로운 요리, 그리고 고민 많은 단골들 사이에서 치유되는 따뜻한 음식 한 끼와 함께 끈끈한 그들의 이야기가 펼쳐진다.

# #9

# 심야식당

深夜食堂

드라마 | 시즌 1~3 TBS, 시즌 4 넷플릭스 방영

# 야마코 반점
## やまこ飯店

"내가 만든 만두보다 맛있어서 이것만은 배달시키고 있어!"

시즌2 제10화에서 심야식당 메시야의 마스터가 야키교자焼き餃子를 배달시켜 손님에게 내준 가게의 모델이 바로 야마코 반점이다. 전 남자친구를 잊지 못하는 중화요리집의 아내가 주문을 받는 장면에 야마코 반점의 내부 모습을 살짝 비추기도 했다. 전 남자친구를 잊지 못하는 아내와 남편은 파국을 면할 수 있을까?

야마코 반점은 중화요리집이다. 건물 외벽에 용 그림이 인상적인 점포로 에

바라마치 상점가 간판 밑에 위치해 있다. 군만두의 피는 확실히 다른 집의 것보다 비교가 될 만큼 쫄깃하다. 흡연이 가능한 점은 아쉽다.

**Info**

**주소** 東京都品川区中延5-13-15 | **연락처** 03-3782-4990
**영업시간** 11:30~14:50, 17:00~21:30 | **휴무** 월요일
**위치** 도큐 전철東急電鉄 도큐 오이마치 선東急大井町線 에바라마치 역荏原町駅 도보 4분, 도에이 지하철都営地下鉄 아사쿠사 선浅草線 마고메 역馬込駅 A3 출구 도보 7분
**구글맵검색** Yamako Hanten | **구글좌표** 35.601415, 139.708896

# 후나세이
## 船清

"이 새우도 도쿄에서 잡힌 거겠지?"

〈심야식당〉 영화판 2편에서 아들에게 급전이 필요하다는 보이스 피싱을 당한 유키코 할머니와 범인을 잡을 때까지 그녀를 자신의 집에서 보살피는 손녀 정도의 나이인 미치루가 배에 승선한 채 식사를 하던 장면의 배경이다. 옛날 바람을 피고 도망갔던 유키코 할머니는 그 이후 아들에게서 온 전화라고 착각해 반가움에 그만 보이스 피싱을 당하고 만 것이다. 유키코와 미치루는 식사를 마치고 배 위에서 강과 오다이바의 바닷바람을 만끽한다. 둘은 심야식당에서 만나 이

야기를 나누며 연이 닿았다. 자신을 재워준 보답으로 할머니는 미치루에게 놀잇배인 야가타부네屋形船에서 고급 선상요리를 대접했다. 할머니는 특히 새우튀김에 감동한다. 저녁이 되면 오다이바 레인보우 브릿지 인근에는 형형색색 불을 밝힌 야가타부네의 물결로 춤을 춘다. 가격은 1인당, 2시간 45분 코스에 1만 엔이다. 물론 최소 2명일 경우에 다른 팀들과 섞여 정해진 타임 테이블에 맞춰 출선 가능하다. 이 코스를 선택할 경우, 시나가와의 후나세이 선착장을 시작으로 레인보우 브릿지-스미다가와-도쿄 스카이트리-오다이바를 돌아 시나가와로 돌아온다. 공식 홈페이지 예약 캘린더를 클릭해 들어가면 '결정'이라고 된 날에 빈자리가 있고 출선이 확정되었다는 뜻이니 그날을 노리자.

**Info**

**주소** 東京都品川区北品川1-16-8 | **연락처** 03-5479-2731
**영업시간** 홈페이지 출항 시간표 확인 | **휴무** 연말연시
**위치** JR 야마노테 선山手線 요코스카 선横須賀線 게이힌 도호쿠 선京浜東北線 도카이도 선東海道線 시나가와 역品川駅 도보 13분 | **홈페이지** www.funasei.com
**구글맵검색** Yakatabune&Cruiser Funasei | **구글좌표** 35.623917, 139.743850

# 챠료우 이치마츠
## 茶寮一松

영화판 2편. 회사에서 받은 스트레스를 상복 코스프레로 해결하는 아카즈카 노리코가 작가에게 원고를 받으러 왔다가 방에서 시신을 발견하고 놀라 복도로 뛰쳐나온 곳이다. 노리코는 장례식장에서 만난 남자에게 호감을 느끼지만 그는 조의금 털이범이었다. 노리코가 놀라던 목조 건물의 복도에서 바깥쪽을 보면 대형 금붕어가 노니는 인공 연못과 작은 석탑, 유명인의 흉상이 있는 일본식 정원이 있다. 방들도 다다미방이라 매우 깔끔하고 차분한 느낌을 잘 살린 이 가게의 창업은 1959년이다. 관광객들로 복잡한 아사쿠사 가미나리몬에서 5분 거리에 이렇게 고즈넉한 가게가 있다니. 멋진 가게의 모습으로 인해 많은 드라마나 영화의 촬영

장소 섭외 문의가 온다고 한다. 2100엔부터 시작하는 런치松籠ランチ를 이용하고 가게가 자랑하는 카스텔라 빵도 즐기는 소확행을 만끽해보자. 음식 값의 10%가 서비스료로 가산된다.

**Info**

**주소** 東京都台東区雷門1–15–1 | **연락처** 03–3841–0333
**영업시간** 11:30~22:30 | **휴무** 월요일
**위치** 도쿄 메트로東京メトロ 긴자 선銀座線 다와라마치 역田原町駅 도보 3분, 도에이 지하철都営地下鉄 아사쿠사 선浅草線 아사쿠사 역浅草駅 도보 5분, 도부東武 이세사키 선伊勢崎線 아사쿠사 역浅草駅 도보 5분
**구글맵검색** PQ6V+88(도쿄) | **구글좌표** 35.710823, 139.793287

# 오우사마토 스토로베리

## 王様とストロベリー

영화판 2편. 유키코 할머니를 고향인 후쿠오카로 돌려보내기 위해 할머니의 남동생을 도쿄로 불러들인 심야식당 사람들. 그리하여 유키코와 할머니와 그녀의 남동생은 무사시 코야마武蔵小山의 아케이드 상점가에 위치한 오우사마토 스토로베리에서 만난다. 두 사람의 대화가 본격적으로 시작되기 전, 뒤쪽 여학생들이 매우 큰 소프트 아이스크림인 킹파르페(2900엔)를 보고 대단하다며 놀라는 장면이 있는데 실제로 높이가 60cm에 이르는 이 점포의 인기 메뉴다. 이 신을 굳이 넣어준 〈심야식당〉 감독에게 이 집 사장님이 절이라도 해야 할 것 같다. 파르페에는 빼빼로가 몇 개 꽂히고 초코나 딸기시럽이 뿌려진다. 하지만 혼자 킹파페를 다 먹

을 수는 없는 노릇. 600엔의 쟌보파페 ジャンボパフェ로도 충분했다. 오래된 주전자 등으로 소품을 사용해서인지 내부는 굉장히 오래된 느낌을 준다. 1985년 창업한 이 집은 팬케이크, 케이크, 스파게티로도 유명한 집이다. 벽이 연예인들의 사인으로 가득하다.

"하시모토 씨가 옛날에 어떤 사람이었는지는 관계없으니까."

〈심야식당〉에 대한 추억을 좀 더 쌓고 싶다면 시즌2 제8화를 참고하는 것도 좋다. 남성 편력이 있는 히토미 짱이 연상의 하시모토라는 남자와 눈이 맞아 식사를 하던 술집 다치노미 도코로 헤소立呑処へそ가 배경으로 등장한다. 이 술집에서 연인 관계가 된 히토미와 하시모토. 그러나 하시모토의 범죄 경력을 알게 되고 마지막 술잔을 기울이게 되는 에피소드가 펼쳐졌다.

아쉬운 점은 헤소가 신바시 역 인근에만 세 군데가 있을 정도로 도쿄에 여러 곳 있어서 영화의 장면으로는 어느 지점인지 특정하지 못했다. 관심이 있는 사람은 발을 넓혀보자.

**Info**

**주소** 東京都品川区小山3-24-3 | **연락처** 03-3787-0443
**영업시간** 09:00~22:00(L.O. 21:30) | **휴무** 연중무휴
**위치** 도큐 전철京急電鉄 도큐 메구로 선東急目黒線 무사시코야마 역武蔵小山駅 동 출구東口 도보 2분
**구글맵검색** Ousama and Strawberry | **구글좌표** 35.710823, 139.793287

# 츠케멘 타카기야
## つけ麺 高木や 高田馬場店

"오늘은 내가 살게."

시즌4 도쿄 스토리 제1화. 닌자전대의 리더 무사사비는 일찍 촬영장에 와서 몰래 여장을 해보다가 자신의 성정체성에 대해 히로인 역의 카에데에게 들키자 사실을 고하고 라면집에서 카에데와 술잔을 기울인다. 돈이 없어 탕멘만 시켜서 술을 먹곤 했다는 이야기도 카에데 역의 하루미가 마스터에게 들려준다. 이곳은 실제로 탕멘(760엔)을 판다. 일본식 된장을 이용한 미소탕멘과 소금 야채가 들어간 시오야사이탕멘 두 가지가 있다. 이 탕멘들은 츠케멘 타카기야의 다카다노바바 점에서만 맛볼 수 있는 한정 메뉴이다. 탕멘의 국물 맛이 일품이다. 이곳의 가장 유명한 메뉴는 매운 츠케멘이다. 주변 대학의 학생들이 많이들 찾아 도전하는 단

곧집이다. 그래서 간판도 유명한 명화인 '절규'를 형상화한 그림이다. 매운 정도는 세 단계로 나뉘어 있다. 면 위로는 콩나물과 반숙달걀 반쪽이 토핑 되어 있다. 다카타노바바점과 와세다점을 한 사람이 관리해서 직원들이 시프트에 따라 이따금 가게를 바꿔서 일할 때도 있다고 한다. 점포 내부 청소에 조금만 신경써주면 더욱 좋은 가게가 될 것이다.

**Info**

**주소** 東京都豊島区高田3-10-11草原ビル2F | **연락처** 03-5285-8146
**영업시간** 11:30~00:00 | **휴무** 비정기적인 휴무일 있음
**위치** JR 야마노테 선山手線 도보 1분,
세이부 철도西武鉄道 세이부신쥬쿠 선西武新宿線 다카다노바바 역高田馬場駅 도보 3분,
도쿄 메트로東京メトロ 도자이 선東西線 다카다노바바 역高田馬場駅 4번 출구 도보 2분
**구글맵검색** 츠케멘 타카기야 | **구글좌표** 35.713606, 139.706105

"나 이번에 음식점 소개 비슷한 일을 맡게 됐어."
그림을 그릴 때는 폐인 모드였다가 식사를 하러 밖으로 나올 때는 매우 예쁜 글래머 여성으로 변신하는 만화가 요시나가 후미의 즐거운 맛 탐방과 일상들로 가득한 이른바 맛집 순례 만화! 〈사랑이 없어도 먹고 살 수 있습니다〉. 실존하는 도쿄의 맛집을 소재로 한 이 책을 읽다보면 그녀의 감탄사에 의해 마치 그녀의 음식 가이드를 받는 듯한 환상을 보게 된다. 맛집에 대해 박식하고 진지하게 접근하는 행복한 미식가 y나가와 어시스턴트 s하라, 괴짜 친구들의 일상 그리고 그들의 맛집에 대한 이야기다.

#10

# 사랑이 없어도 먹고 살 수 있습니다

愛がなくても喰ってゆけます

만화책 | 오오타출판 출간

# 이루 프리모
## イルプリモ中野

"해산물의 감칠맛까지 더해지면 달콤하다구. 맛있지?"

음식점 소개 일을 맡게 되어 피자가 먹고 싶다는 s하라와 함께 방문하게 된 y나가는 해물바질리코샐러드魚介類のサラダ バジリコ風味(2200엔), 게토마토크림리소토リゾット カニ和え(1850엔), 오징어먹물스파게티(1500엔)를 주문한다. 그리고 샐러드에는 빵을 추가한다. 해물바질리코샐러드는 90%가 새우, 가리비, 문어 등의 해물일 만큼 풍성하고 녹색 바질리코소스 맛이 일품이다. 소스 맛을 극찬한 y나가처럼 소스에 바게트를 찍어 먹는 것도 좋다. 게리소토는 토마토크림으로 만들어 빨

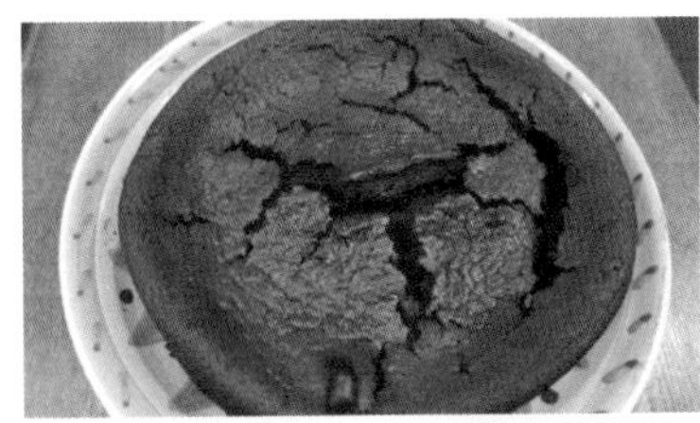

갛고, 치즈의 고소함과 게의 향이 전해진다. 게 한 마리 통으로 들어가 있지 않고 양이 적다. 피자를 먹고 싶다는 s하라의 바람이 이루어지지는 않았지만 이곳은 피자도 유명한 가게다. y나가는 디저트로 카탈라나와 크림리코타를 주문해 먹는다.

이 가게의 주인아저씨는 30여 년 전에 이탈리아 국립 요리학교에서 4년간 공부했다고 한다. 당시 이탈리아 국립 요리학교에 입학한 일본인은 손으로 꼽을 정도로 들어가기 힘들었다고 서빙을 담당하는 아주머니께서 알려주셨다. 이러한 이야기가 나온 이유는 가게 벽에 이탈리아 신문에 사진과 함께 기사가 난 것을 액자에 걸어두었기 때문이었다.

토요일은 점심시간대에 유일하게 런치 메뉴가 있고 일요일과 축일의 점심시간대에는 런치 메뉴가 따로 없기 때문에 메뉴판에서 일품요리를 주문해야 한다.

**Info**

**주소** 東京都中野区中央5−46−5池田ビル1F | **연락처** 03−3384−3981
**영업시간** 평일 17:30~22:00(L.O. 21:00) 토요일 · 일요일 · 축일 11:30~14:00(L.O. 13:30), 17:30~22:00(L.O. 21:00) | **휴무** 수요일 · 제3 화요일
**위치** JR 주오소부 선中央 · 総武線 나카노 역中野駅 남 출구南口 도보 7분
**구글맵검색** IL PRIMO | **구글좌표** 35.700874, 139.664790

# 츄고쿠 챠칸
## 中国茶館

"입안에서 새우가 톡. 부추도 들었고."

y나가와 먹성 좋고 y나가가 좋아하는 외모를 가진 f야마는 온통 중국의 상징인 빨간 색으로 물든 츄고쿠 챠칸에서 국화차를 즐기고 해물이 들어간 비취 만두, 호박을 넣은 찐만두, 게슈마이, 샤오룽바오小籠包, 부추와 새우를 넣은 군만두(540엔), 닭날개간장조림(324엔), 복숭아만두, 우롱젤리烏龍ゼリー(378엔)를 즐긴다. 비취만두는 시금치를 첨가해 피를 만들어 비취 옥색이다 하여 비취만두라 불린다(비취만두는 현재 메뉴판에 팔지 않는다는 스티커가 붙여져 있다.). 이러한 기름지고 고소하고 맛있는 녀석들을 즐기기 위해서는 2시간 한정된 시간에 2500엔으로 즐기는 타베호다이

食べ放題 형식으로 주문할 것을 강력 추천한다. 필자는 자리가 없어 일면식도 없는 일본 여고생 3명과 원탁에 함께 앉아 음식을 먹어야 했다. 일본에서도 합석해 식사할 수 있는 식당이 간혹 있지만 중국 식당은 많은 경우 자연스럽게 합석을 시킨다. 만화에서는 주인공들이 국화차 등을 마시는데, 내가 방문한 시간은 저녁이라서 여유롭게 차를 마시는 손님은 보이지 않았다. 2시간이라는 뷔페 제한 시간 동안 여유롭게 차를 마시는 것은 사실 흔히 볼 수 있는 장면은 아니다.

**Info**

**주소** 東京都豊島区西池袋1-22-8 三笠ビル2F | **연락처** 03-3985-5183
**영업시간** 11:30~00:00(L.O. 23:00) | **휴무** 연중무휴
**위치** JR 이케부쿠로 역池袋駅 서 출구西口 도보 2분
**구글맵검색** PPJ5+RW(도쿄) | **구글좌표** 35.732027, 139.709812

# 스시 타나카
## 鮨たなか

"여긴 초밥도 맛있지만 안주도 맛있어."

y나가는 옛날 동기였던 a도를 만나 식사를 대접하게 된다. 그가 게이라는 사실을 안 y나가가 게이에 대해 제대로 알지 못하고 게이 만화를 쓴 것에 대한 사과의 대접이었다. 그들은 노출 콘크리트 건물 안에 간판 하나 없이 숨어 있는 아지트 느낌의 스시 타나카에서 은어소금구이, 젤라틴 성분이 많은 생선이나 육류를 굳혀 만든 요리인 문어니코고리, 소라구이, 오징어초밥, 참치츄토로초밥, 보리새우초밥, 찐전복초밥, 전어초밥, 장어구이초밥, 달걀초밥, 갯가재초밥을 즐긴다. 간

판이 없는데 노렌조차 점포명 없이 천만 덩그러니 달려 있으니 이는 맛에 대한 자신감일 것이다. 카운터석 앞 유리 쇼케이스 냉장고에 초밥이나 회에 사용할 재료들이 진열되어 있어 손님들의 식욕을 당긴다. 다만 회전 초밥집들과는 다르게 가격대가 좀 세다. 맥주는 에비스 병맥주만 취급한다. 가게 이름은 날카로운 인상의 주인, 타나카 히로아키 씨의 성에서 따왔다.

**Info**

**주소** 東京都杉並区西荻南2−6−3 | **연락처** 03−3335−3777
**영업시간** 17:00~22:00 | **휴무** 월요일
**위치** JR 주오소부 선中央線・総武線 니시오기쿠보 역西荻窪駅 남 출구南口 도보 10분
**구글맵검색** 스시 타나카 | **구글좌표** 35.698455, 139.597817

# 키타지마테이
## 北島亭

"프렌치는 미식의 전당입니다."

o다n코는 y나가가 대식가라서 음식값이 많이 나간 부끄러운 기억에 이번에는 양 많고 맛있는 가게로 가기로 하고 도쿄에서 유명한 키타지마테이를 찾는다. 이들은 샐러드와 바삭하게 구운 감자를 곁들인 스캄피 새우소테, 꿀을 넣은 소고기볼살레드와인찜, 콘소메젤리와 크림을 곁들인 성게(5000엔), 새끼양고기구이, 디저트로는 우유에 생크림 · 설탕 · 젤라틴 · 향료를 섞어 냉각해 굳힌 젤리와 푸딩 느낌의 프랑스식 디저트인 블랑망제를 음미한다. 차가운 크림커스터드 위에 얇

게 캐러멜 토핑을 얹어 내는 프랑스의 디저트인 크렘브륄레도 잊지 않는다. 그러나 이들은 양이 너무 많을 것을 우려해 먹고 싶었던 '섭조개와 프와로를 곁들인 눈볼대 참깨구이', '샬롯을 넣은 바다 참게와 아스파라거스 샐러드'를 주문하지 못해 아쉬워했다. 크고 작은 요리가 여러 접시 나오는 저녁의 코스 요리 금액은 8400엔대부터 15000엔대 사이로, 카트 위에 소고기, 생선, 버섯, 생닭 등 손질된 날 재료들을 가지고 와서 어떠한 재료들을 쓸 것인지 손님들에게 설명해준다. 그리고 크기가 서로 다른 포크 2개와 나이프 2개가 세팅된다. 과자 디저트 한 접시를 먹다가 남기면 집에 가져가라고 싸주기도 한다. 런치 코스요리는 5000엔에서 만엔 사이. 가게 이름은 주인 쉐프의 성을 따서 지었다. 키타지마 씨는 1977년부터 약 7년간 프랑스에서 요리를 배우고 이후 1990년 키타지마테이를 창업했다.

**Info**

**주소** 東京都新宿区 三栄町7 JHCビル 1F | **연락처** 03-3335-6667
**영업시간** 11:30~14:00(L.O. 13:30), 18:00~21:00(L.O. 19:30) | **휴무** 수요일 · 제1, 3 화요일
**위치** JR주오 선中央 · 総武線 요츠야 역四ツ谷駅 도보 5분,
도쿄 메트로東京メトロ 마루노우치 선丸ノ内線 난보쿠 선南北線, JR 中央線 요츠야 역四ツ谷駅 도보 5분
**구글맵검색** Kitajimatei | **구글좌표** 35.687869, 139.727001

# 피에르 마르코리니 긴자

## ピエールマルコリーニ銀座

"아이스크림에 카카오 비율이 높은데 시지도 쓰지도 않아.
아주 제대로 단맛이야."

s하라와 동거하기 전까지 함께 살았던 후배 m와키k코는 단것을 무지하게 좋아하는데, y나가와 한 달에 한 번은 식사를 하는 사이다. s하라까지 나왔다. 그들이 방문한 곳은 디저트 전문점인 피에르 마르코리니 긴자다. 이들은 마르코리니 초콜릿파르페(1728엔), 심플핫초콜릿드링크(1188엔)를 즐긴다. 실제 만화의 작가인 요시나가 후미는 1층에서 파는 조개모양 초콜릿이 그렇게나 맛있다고 따로 코멘트를 만화책에 남기기도 했다. 2층과 3층은 카페로 이용되고 있는데 피에르 마르코리니 전 세계의 지점 중 카페를 함께 운영하는 곳은 긴자점과 나고야점 단 두 곳뿐이다. 만약 1층에서 초콜릿만 구매할 예정이라면 줄을 서지 말고 1층을 둘러

보면 된다. 벨기에 왕실 납품업자의 쇼콜라티에인 피에르 마르코리니. 일본 긴자점은 거점 지점으로서 세계에서도 주목받는 점포다. 농장에 가서 카카오 콩을 선정하는 일부터 도맡는다는 피에르 마르코리니 씨의 고집에서 나오는 추천 메뉴들이 가득하다.

**Info**

**주소** 東京都中央区銀座5-5-8 2F · 3F | **연락처** 03-5537-0015
**영업시간** 평일 11:00~20:00(L.O. 19:30) 일요일 · 축일 11:00~19:00(L.O. 18:30) | **휴무** 연중무휴
**위치** 도쿄 메트로東京メトロ 긴자선銀座線, 마루노우치 선丸ノ内線, 히비야 선日比谷線 긴자 역銀座駅 B3 출구 도보 1분
**구글맵검색** 피에르 마르콜리니 긴자본점 | **구글좌표** 35.671174, 139.763499

# 안자이
## 安斎

"느끼하지 않으니까 잘 먹히죠."

f야마와 오랜만에 만난 y나가는 1985년 창업한 안자이에서 장어 간을 베이스로 국물을 우려낸 키모스이를 시작으로 장어를 쪄서 소스를 바르지 않고 숯불에 구워 색이 하얀 살이 인상적인 시라야키白焼き(3000엔)와 장어덮밥うな丼(3200엔)을 음미한다. 장어덮밥 맛을 보려면 꼭 전화든 직접 방문해서 예약을 하든 해야 한다. 예약 받은 양만 팔고 장사를 접기 때문이다. 와사비 그릇과 간장 그릇이 세팅된다. 장어덮밥의 장어는 심하게 달지 않은 소스가 발라져 나오고 장어의 살은 매우 부드럽다. 시라야키의 장어는 간이 거의 되지 않은 채 나온다. 조리는 젊은 남성이, 서빙은 할머님이 맡고 있다. 반찬은 당근과 작은 통무가 전부다. 홀에는 겨

우 자리 하나가 전부이고 신발을 벗고 2층 다다미방으로 올라가도 테이블 3개가 전부다. 테이블에는 간장과 장어양념소스와 산초가 하얀 주전자에 따로 담겨 있으니 기호가 맞게 더 넣어 먹으면 된다. 맥주는 오직 에비스의 병맥주만 취급한다. 2018년 미쉐린 가이드가 선정한 100대 장어집이며 빕구르밍을 획득했다.

**Info**

**주소** 東京都杉並区荻窪4-12-16 | **연락처** 03-3392-7234
**영업시간** 11:30~14:00(L.O. 13:30), 17:30~20:00(L.O. 19:30) | **휴무** 수요일 · 목요일 · 연말연시
**위치** JR 주오소부 선中央線 · 総武線 오기쿠보 역荻窪駅 남 출구南口 4분
**구글맵검색** Unagi Anzai | **구글좌표** 35.701849, 139.620496

# 스미비 다이도코로 토리마루

## 炭火台所 鶏丸

"이 가게는 메뉴 이외에도 이것저것 많더라구."

y나가의 명을 받은 m와키k코는 s하라와 데이트에 나선다. 이들은 고기된장 두부샐러드, 닭간꼬치구이, 닭가슴살고추냉이꼬치구이, 닭 엉덩이와 꼬리부위 사이의 살 꼬치구이인 본지리ぼんじり, 츠나기키모꼬치구이(간), 일본식 두부굴그라탱, 오리고기파밥鴨ねぎめし을 즐긴다. 참기름 냄새가 풍기는 오리고기파밥은 돌솥에 나오는데 바닥에 누룽지가 생겨버린다. 주인공들은 닭고기회도 먹지만 추천하고 싶지는 않다. m와키k코는 홍차 사와, s하라는 가고시마 소주와 미야기 현의 이치노쿠라를 즐긴다. 오래된 꼬치구이 집들과 비교해 상당히 깨끗하고 청결한 점포 실내를 유지하고 있으며 자리도 넉넉한 편이다. 금연 꼬치구이집은 일본

내에서도 손에 꼽힐 듯하다. 오토시로는 양배추나 크림에 빠진 닭고기가 주로 나온다.

**Info**

**주소** 東京都杉並区阿佐谷南1-9-6第七志村ビル1F | **연락처** 03-5306-0505
**영업시간** 월~토요일 17:00~00:30(L.O. 23:00) 일요일 · 축일 17:00~00:00 | **휴무** 목요일
**위치** 도쿄 메트로東京メトロ 마루노우치 선丸ノ内線 미나미아사가야 역南阿佐ケ谷駅 2A 출구 도보 3분
**구글맵검색** Torimaru | **구글좌표** 35.701849, 139.620496

# 끝맺음 말

〈고독한 미식가〉와 〈심야식당〉을 보며 우리는 '아! 저 식당에 가고 싶다'는 생각에 빠지고 실제로 많은 이들이 맛집을 찾아 도쿄를 찾는다. 〈와카코와 술〉의 드라마 주인공은 이런 말을 했다. "집에서 먹고 마시는 게 싸다는 건 안다. 하지만 밖에서 먹고 마시는 건 내일을 사는 활력소가 된다."라고 말이다.

〈고독한 미식가〉의 원작자인 쿠스미는 "맛집에 대한 특별한 기준은 없다. 어떤 음식 만화를 보면 가장 맛있는 음식 찾는 일을 목적으로 하더라. 나는 맛이 목적은 아니다. 작은 이야기가 담겨 있는 식당이 좋다. 좋은 사람, 그리고 재밌는 사람들이 있는 식당, 나는 그런 곳이 좋다. 음식은 맛이 아니라 이야기를 담아내는 그릇이라고 본다. 한번 가고 나서 다시 가고 싶은 식당이 좋다. 나에게 맛은 두 번째다. 그 식당

香華
裏・
九郎左衛門
三十三度
限定
山形の新しいお米
つや姫100%
純米吟醸

에는 작은 이야기가 있어야 한다."고 이야기했다. 그렇다. 한 집, 한 집 그 집의 비장의 무기들을 맛보는 것도 좋았지만 그 식당에서의 손님들이 누군지 궁금하고 직원들도 궁금하고 사장님의 응대와 면면도 궁금해졌던 것 같다.

취재하는 동안 아쉬운 점이 많았다. 점포를 찾았으나 폐업한다는 알림장이 붙여진 경우가 있고 휴업일이 아닌데 휴업을 한 경우도 있었으며 취재 후 원고 마감을 하는 그 짧은 사이 폐업한 경우마저 있었다. 열심히 가게를 찾았지만 혼밥 혼술을 할 수 없는 분위기와 가격으로 지면을 할애하지 못한 가게도 있다. 여러분이 이 책을 들고 도쿄로 갈 경우에는 부디 위와 같은 상황과 마주하는 일이 없기를 바랄 뿐이다.

책을 집필하는데 도움을 주신 이승조, 장순옥, 이명자, 최동주, 이유주, 최은영님과 이 책의 기획을 채택해 책으로 담아내주신 이담북스 관계자분들에게 감사의 인사를 전한다.